普通高等教育 通识类课程教材

大学计算机 WPS版

基础实验

主　编 谢江宜　蔡　勇
副主编 黄　艳　朱利红　谢蕙蔓
主　审 曾安平

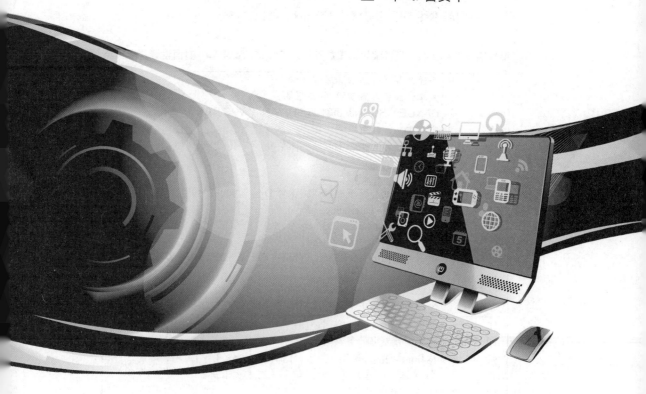

中国水利水电出版社
www.waterpub.com.cn
·北京·

内 容 提 要

　　本书是与教材《大学计算机基础（WPS版）》配套的上机实验与题解教材，主要内容包括《大学计算机基础（WPS版）》中的计算机概论、计算机信息技术基础、操作系统及 Windows 应用、WPS 文字应用、WPS 表格应用、WPS 演示文稿应用和计算机网络与信息安全各章的上机实验指导、习题和参考答案。实验指导与课堂教学内容相对应，强调理论与实践相结合，有利于提高读者的实践能力，培养读者的应用能力。通过多种类型的习题练习，有利于读者从不同角度理解各章知识点，便于读者复习巩固所学的知识。本书内容覆盖全国计算机等级考试《一级计算机基础及 WPS Office 应用考试大纲（2021 年版）》规定的内容。

　　本书内容丰富、结构清晰、语言简练、图文并茂，具有很强的实用性和可操作性，可作为高等院校计算机基础课程的配套实验教材，也可作为计算机基础教学的培训教材和自学参考书。

图书在版编目（ＣＩＰ）数据

大学计算机基础实验：WPS版 / 谢江宜，蔡勇主编
. -- 北京 ：中国水利水电出版社，2022.8
普通高等教育通识类课程教材
ISBN 978-7-5226-0902-7

Ⅰ．①大… Ⅱ．①谢… ②蔡… Ⅲ．①电子计算机－
高等学校－教材 Ⅳ．①TP3

中国版本图书馆CIP数据核字(2022)第141178号

策划编辑：寇文杰　责任编辑：周益丹　加工编辑：黄卓群　封面设计：梁　燕

书　　名	普通高等教育通识类课程教材 大学计算机基础实验（WPS 版） DAXUE JISUANJI JICHU SHIYAN（WPS BAN）
作　　者	主　编　谢江宜　蔡　勇 副主编　黄　艳　朱利红　谢蘩蔓 主　审　曾安平
出版发行	中国水利水电出版社 （北京市海淀区玉渊潭南路 1 号 D 座　100038） 网址：www.waterpub.com.cn E-mail: mchannel@263.net（万水） 　　　　sales@mwr.gov.cn 电话：（010）68545888（营销中心）、82562819（万水）
经　　售	北京科水图书销售有限公司 电话：（010）68545874、63202643 全国各地新华书店和相关出版物销售网点
排　　版	北京万水电子信息有限公司
印　　刷	三河市德贤弘印务有限公司
规　　格	184mm×260mm　16 开本　15 印张　365 千字
版　　次	2022 年 8 月第 1 版　2022 年 8 月第 1 次印刷
印　　数	0001—7000 册
定　　价	42.00 元

前　言

随着计算机基础课程教学改革的深化，根据全国高校思想政治工作会议精神，"要坚持把立德树人作为中心环节，把思想政治工作贯穿教育教学全过程"，在本书编写过程中，编者融入"课程思政"元素，实现全程育人、全方位育人。同时为了适应教育部高等学校大学计算机课程教学指导委员会提出的《大学计算机基础课程教学基本要求》以及全国计算机等级考试大纲的变化，在宜宾学院计算机基础公共教研室的指导下，本书的编写汇集了多名在"计算机基础"课程教学一线工作多年的教师，旨在为读者提供一本既能体现当前计算机公共课对应用型人才培养的要求，又能反映计算机等级考试实验大纲内容的系统性实验和题解的教材。本书可作为《大学计算机基础（WPS 版）》的配套实验及题解教材。

本书内容主要包括六个单元的实验项目、计算机基础习题及答案。其中实验项目包括了计算机基本操作、Windows 应用、WPS 文字应用、WPS 表格应用、WPS 演示文稿应用和计算机网络基础等内容，涉及计算机基本操作、Windows 10 的基本操作、文件资源管理器的应用、Windows 的设置，WPS 文字的基本操作、页面设置、表格制作、图文混排、高级应用，WPS表格的基本操作、公式与函数的使用、数据的操作、图表的制作，WPS 演示文稿的基本操作、演示文稿的设计，计算机网络中浏览器与电子邮件的应用、网络组建及资源的共享。计算机基础习题集从学生应试的理论需求出发，较为全面地覆盖了全国计算机等级考试《一级计算机基础及 WPS Office 应用考试大纲（2021 年版）》及计算机基础类课程的知识点，适合应试前的理论知识复习与巩固，同时提供了习题的参考答案。

本书由宜宾学院计算机基础公共教研室谢江宜、蔡勇任主编，并负责统稿和定稿，黄艳、朱利红、谢蘩蔓任副主编。其中，谢江宜编写第一单元，蔡勇编写第二单元和第六单元，朱利红编写第三单元，黄艳编写第四单元，谢蘩蔓编写第五单元，曾安平负责全书的审定工作。

编写组在编写时参阅了相关文献资料，在内容的甄选、全书组织形式等方面借鉴了同类书的成功经验，对这些资料提供者的贡献表示由衷的感谢。本书在出版过程中得到了宜宾学院教务处、宜宾学院人工智能与大数据部及中国水利水电出版社的大力支持，在此表示诚挚的谢意。

由于编者水平有限，书中难免有不妥和疏漏之处，恳请各位读者批评指正。

编　者

2022 年 8 月

目 录

第一单元 计算机基本操作

实验一 初识计算机

一、实验目的

（1）熟悉计算机（又称微机或微型计算机）的硬件配置及各部件的功能。

（2）熟悉计算机面板上的开关、按钮的作用及使用方法。

（3）熟悉计算机的启动过程，掌握正确的开机与关机步骤。

（4）了解计算机系统的基本组成。

（5）学习鼠标器的操作方法。

二、实验内容与步骤

实训 1 计算机机箱的前面板和后面板

实训内容

熟悉计算机机箱的前面板和后面板。

操作步骤

（1）熟悉计算机机箱的前面板和后面板，如图 1-1 所示。

1）熟悉机箱前面板。结合机房实物，观察计算机的前面板，找到电源开关、复位开关、电源指示灯、硬盘指示灯，再观察有几个 USB 接口和音频接口。

2）熟悉机箱后面板。结合机房实物，观察计算机的后面板，找到常见的几种接口。

a. 连接显示器的显卡输出接口（VGA、DVI 或 HDMJ 标准）。

b. 连接网线的网络接口。

c. 连接耳麦、机箱的音频接口。

d. 可连接键盘的 PS/2 接口（紫色），可连接鼠标的 PS/2 接口（绿色）。

e. 再观察有几个 USB 接口（可连接具有 USB 标准接口的各种外设，如键盘、鼠标、打印机、扫描仪等）。

f. LPT 接口（可连接具有并口标准的打印机或扫描仪）。

（2）认识显示器、键盘、鼠标等外设，熟悉外设接口及其功能。

1）认识显示器。观察显示器及其与机箱后面板的连接，认清显示器是 CRT 显示器还是液晶显示器，找到显示器电源开关、电源指示灯，观察显示器的视频接口是 VGA、DVI，还是 HDMI 标准。

2）认识键盘和鼠标。观察键盘和鼠标及其与机箱后面板的连接，确定键盘、鼠标插头的接口标准是 PS/2 还是 USB。

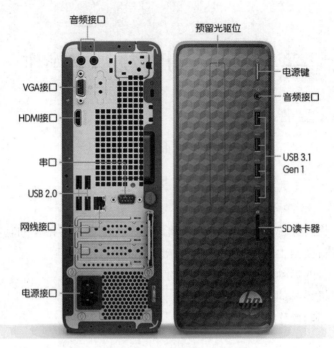

图 1-1 计算机机箱前面板和后面板接口

实训 2 微型计算机的开机与关机

实训内容

正确打开微型计算机、关闭微型计算机的方法和使用过程中的注意事项。

操作步骤

（1）启动计算机的三种方式。

1）加电启动。首次开机，应按顺序先打开显示器的开关，后打开主机的开关。除非要离开机房，否则不关闭电源。如要重新启动计算机，请用下列两种方法。

2）复位启动。即在已经打开主机电源的情况下，要重新启动引导机器，按主机上的 Reset 按钮。

3）热启动。在已经打开主机电源的情况下，要重新引导机器，也可以同时按下 Ctrl+Alt+Del 组合键，在弹出的任务管理器对话框中选择"重启计算机"即可。

（2）用硬盘启动进入 Windows 系统。

1）打开显示器开关（指第一次开机）。

2）打开主机电源开关（指第一次开机）。

3）机器首先进行自检，完成后开始装入操作系统文件，并出现 Windows 登录对话框，键入用户名及密码，敲回车或单击"确定"按钮，即可进入 Windows 桌面。

（3）用光盘启动进入 DOS 系统。

1）先打开显示器，再打开主机电源开关。

2）按住 Delete 或者 DEL 键不放，进入 BIOS 设置环境，将光驱设置为第一启动盘。保存设置退出，计算机重启。

3）将启动光盘插入光盘驱动器中。

4）在启动盘的作用下，系统进入 DOS 系统，这时有两种选择模式：一种是加载光驱驱动程序模式下启动 DOS 系统，光驱的盘符会比实际盘符向后推迟一个盘符，如果光驱在 Windows 系统中是 F 盘，在这里变成 G 盘，系统启动成功后，能读取光盘上的信息；另一种是不加载光驱驱动程序模式下启动 DOS 系统，即在 DOS 环境下不能读取光驱中的内容。

5）最后出现 DOS 提示符和闪烁的光标，如 "G:\>_"，说明光盘启动成功。

一般在计算机出现故障或一些特殊情况下，才用光盘启动计算机。目前计算机也支持 U 盘启动，但需要事先对 U 盘安装相应的启动程序和 BIOS 设置才能够实现。

（4）关机。

1）Windows 环境下关机。

a. 关闭所有运行的程序（任务栏无应用程序的任务按钮）。

b. 鼠标单击"开始"菜单，再单击"电源"按钮，弹出多个选项，如图 1-2 所示，根据实际情况选择相应的选项，若是直接关闭计算机，则单击"关机"按钮，主机即可自动关闭，若强行关机会对计算机系统造成损害。

c. 关闭显示器电源。

2）MS-DOS 环境下关机（指纯 DOS 环境，而非 Windows 的 MS-DOS 方式或窗口）。

图 1-2　计算机安全关机

a. 结束所有运行的程序（出现 DOS 提示符，如 C:\×××>_）。

b. 关闭主机电源。

c. 关闭显示器电源。

（5）微机使用常识。

1）当微机接通电源时，绝对不允许带电插拔外部设备（键盘、鼠标、显示器信号线等），热插拔设备（如 U 盘）除外。必须时，要先关断电源再进行设备连接操作。

2）不要频繁开关计算机。关机后不要立即开机，要稍等待一会儿（如 30 秒）方可进行。

3）当机箱内出现"打火"、异常声响或有焦糊气味时，应先断电源，然后迅速找实验教师解决，不允许擅自打开机箱。

实训 3　鼠标的操作方法

实训内容

练习鼠标的常用操作方法。

操作步骤

鼠标是控制屏幕上光标运动的手持式设备。当用户握着鼠标移动时，计算机屏幕上的鼠标器指针就随之移动。在通常情况下鼠标指针的形状是一个小箭头，但是在一些特别场合下鼠标指针的形状会有所变化。

（1）鼠标的基本操作。

1）指向：把鼠标移动到某一对象上，一般可以用于激活对象或显示工具提示信息。

2）左按钮单击：鼠标左按钮"按下→松开"，用于选择某个对象或某个选项、按钮等。

3）右按钮单击：鼠标右按钮"按下→松开"，往往会弹出对象的快捷菜单或帮助提示。

4）双击：左鼠标按钮快速"按下→松开→按下→松开"（连续两次单击），用于启动程序或者打开窗口（一般是指左按钮双击）。

5）拖动：单击某对象，按住按钮，移动鼠标，在另一个地方释放按钮，常用于滚动条操作，标尺滑块操作或复制、移动对象的操作。

（2）学习鼠标的使用。

1）用鼠标指向"此电脑"图标，用"拖曳"操作在桌面上移动"此电脑"的图标。

2）用鼠标的"单击""双击"和"右击"打开"此电脑"窗口。

3）用鼠标的"拖曳"操作改变"此电脑"窗口的大小。

4）通过单击"开始"→"帮助"命令，打开 Windows 帮助窗口，选择"搜索"标签，键入"鼠标"并单击"列出主题"按钮，进行鼠标操作的学习。

三、思考与练习

1．热启动、复位启动、冷启动有何不同？

2．加电启动后机器自检各部件的顺序是什么？

3．上机时所使用的微机是何种配置？请了解 CPU 的型号、主频、内存的容量、硬盘的个数及容量等配置。

实验二　指法练习

一、实验目的

（1）熟练掌握微机键盘键位及各部分键位的功能。

（2）熟练掌握指法要领，培养正确的输入指法。

（3）熟练掌握中、英文输入法，达到 60 字符 / 分钟的录入速度。

二、实验内容与步骤

实训 1　认识键盘

实训内容

认识键盘和各个键所在位置，掌握各按键的功能。

操作步骤

（1）了解键盘结构。键盘中配有一个微处理器，功能是对键盘进行扫描，生成键盘扫描码并实现数据转换。现在标准化的键盘为 104 键，由字符键、控制键、数字键、功能键、编辑键等构成，分为四个区域：功能键区、主键盘区、编辑键区、辅助键区（小键盘区）。

（2）了解键盘接口。键盘一般通过一个 5 针插头的五芯电缆与主板上的 DIN 插座相连，采用串行数据传输方式。

（3）了解键盘键位分布（图 1-3）。

（4）掌握键位的功能。

1）功能键区。功能键共有 12 个，即 F1 ～ F12，它们没有固定的功能，完全由用户软件所定义，通常与 Alt 键和 Ctrl 键结合使用。

功能键区

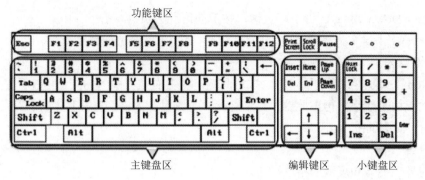

图 1-3　键位分布

2）主键盘区。

● 双符号键：包括字母、数字、符号等 48 个。

● Esc 键：转义键，中止程序执行，在编辑状态用于放弃编辑的数据。

● Tab 键：跳格键，用来右移光标，每按一次向右跳 8 个字符。

● CapsLock 键：大小写字母转换键，系统默认输入小写字母，按下该键后"CapsLock"指示灯亮，输入的是大写字母，灯灭时输入的是小写字母。

● Shift 键：换档键，属控制键，单按不起任何作用，对双符号键，按住 Shift 键再按某个双符号键，输入该键的上档字符。对字母键，按住 Shift 键再按字母键可实现大小写字符转换（当前是小写时转换为大写，否则为小写）。

● Ctrl 键：属控制键。此键一般与其他键同时使用，实现某些特定的功能。

● Alt 键：属控制键。此键一般与其他键同时使用，完成某些特定的操作，通常用于汉字输入方式的转换。

● Enter 或 Return 键：回车键，换行或表示一条命令的结束（执行命令）。

● Backspace 或 ← 键：退格键，用来删除当前光标所在位置前的字符，且光标左移一个字符。

3）编辑键区。

● Print Screen 键：屏幕复制键。单按此键将屏幕以图片方式复制到 Windows 剪贴板中；若使用 Shift+Print Screen 组合键，打印机将屏幕上显示的内容打印出来；如使用 Ctrl+Print Screen 组合键，则将打印任何由键盘输入及屏幕显示的内容，直到再次按此组合键。

● Scroll Lock 键：屏幕锁定键。当屏幕处于滚动显示状况时，若按下该键，键盘右上角的 Scroll Lock 指示灯亮，屏幕停止滚动，再次按此键，屏幕再次滚动。

● Pause Break 键：强行终止键。按此键暂停屏幕的滚动。同时按 Ctrl 键和 Pause Break 键，可以中止程序的执行。

● Insert 键：插入键，在当前光标处插入一个字符。

● Delete 或 Del 键：删除键，删除当前光标所在位置的字符。

● Home 键：光标移动到屏幕的左上角。

● End 键：光标移动到本行中最后一个字符的右侧。

● Page Up 或 Pgup 键：翻页键，按键向前翻一页。

- Page Down 或 Pgdn 键：翻页键，按键向后翻一页。
- →←↑↓ 键：光标移动键，向左、右、上、下四个方向移动光标。

4）小键盘区。

- Num Lock 键：数字锁定键。按下此键，键盘右上方的 Num Lock 指示灯亮，小键盘输入的是数字；再按此键，指示灯灭，小键盘上的键为光标移动键。

实训 2　指法训练

实训内容

正确的打字姿势和规范的指法操作。

操作步骤

（1）正确的打字姿势。正确的姿势有利于打字的准确性和加快速度。对于初学者来说，养成良好的打字姿势很重要。如果开始时不注意，养成不正确的习惯后就很难纠正。不好的打字姿势不利于健康，也容易引起疲劳，同时也会影响输入的准确性和速度。

- 坐姿：上身直立（可略为前倾），双目正视屏幕（略高于屏幕），双肩自然放松，双手放于键盘初始键位上，双脚自然放开，齐肩宽。
- 距离：头部距离屏幕 70cm 左右，以保持良好的视觉感受，也利于保护眼睛不受太大的刺激和辐射。

（2）基准键的指法。开始练习前，左手小指、无名指、中指和食指分别放在 A、S、D、F 键上，右手食指、中指、无名指及小指分别放在 J、K、L、; 键上，两个大拇指自然放置在空格键上，如图 1-4 所示。"A、S、D、F、J、K、L、;" 这八个键称为指法训练的基准键位（或初始键位），击打其他任何键位都从这里出发，击完键后，应立即回归到这个初始键位上，以便于下一次击键。八个基准键位与手指对应关系必须掌握好，否则基准键位不准，将直接影响其他键的输入，输入错误信息的概率就会增加。

例如，要输入 S，方法是：左手提起距键盘约 2cm 左右，然后用无名指向下弹击 S 键，同时其他手指稍向上弹开，击完后各手指归位。

图 1-4　键盘指法图

（3）非基准键的打法。除了基准键位外，其他键位如图 1-5 所示，分为左手打字区域和右手打字区域。由于食指比较灵活，所以每支手的食指每排负责两个键，其他手指每排负责一个键。具体分工如下：

- 左手：食指负责 "4、5、R、T、F、G、V、B" 8 个键；中指负责 "3、E、D、C" 4 个键；无名指负责 "2、W、S、X" 4 个键；小指负责 "1、Q、A、Z" 及左边所有键位。

● 右手：食指负责"6、7、Y、U、H、J、N、M"8个键；中指负责"8、I、K、、"4个键；无名指负责"9、O、L、。"4个键；小指负责"0、P、;、/"4个键及右边所有的键位。键盘指法分工如图1-5所示。

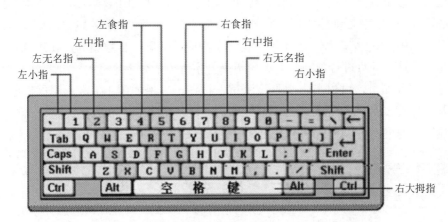

图 1-5　键盘指法分工

注意：

1）对于双字符键，需要输入上面字符时，应左右配合使用 Shift 键，即左边的上位字符结合右边的 Shift 键，而右边的上位字符结合左边的 Shift 键。例如，要输入符号"("，正确的指法是：左手小指左移按住 Shift 键，右手无名指弹击"("键。

2）对分散的大写字母，不要用大小写转换键 Caps Lock，这样需要离开基准键位，输入速度会变慢。正确的方法和双字符键的上位键指法相似，即结合 Shift 键来完成单个或分散的大写字母的输入，这样不会改变指法的基本位置，保证击键的准确和快速。

3）击键要点。手腕要平直，手臂要保持静止，全部动作仅限于手指部分。手指要保持弯曲，稍微拱起，指尖后的第一关节微成弧形，分别轻放在字键的中央。输入时手抬起，只有要击键的手指才可伸出击键，击毕立即缩回到基准键位，不可停留在已击的键上。输入过程中，要用相同的节拍轻轻地击键，不可用力过猛。

常用特殊键的击法：输入空格时，右手大拇指横着向下一击并立即回归，每击一次输入一个空格；输入回车键时，右手小指击一次 Enter 键，击后右手小指略弯曲迅速回原基准键位。

4）右侧小键盘各键由右手管理。纯数字输入或编辑时，右手食指、中指、无名指应分别轻放在4、5、6数字键上，即把这三个键作为三个手指的原位键。小指负责加减号，击上下排键时，相应手指上伸或下缩。

总之，指法练习是一个长期练习和巩固的过程，初学者一定要注意在开始时，尽量保证击键的正确率，循序渐进，配合指法练习软件不断练习，最终实现盲打的目标。

实训3　配合软件练习

实训内容

学习用金山打字通软件进行指法训练。

操作步骤

目前有许多键盘击键指法练习软件，例如北京金山软件公司的"金山打字通"就是一个很不错的练习软件。通过利用这些软件进行练习，不但可以培养练习兴趣，而且可以提高对键盘操作的技巧和速度。

（1）安装"金山打字"软件。（具体安装以现行版本为准）

（2）运行"金山打字"软件，登录以后进入初始界面，如图1-6所示。在界面上熟悉"金山打字"的操作项目，包括新手入门、英文打字、拼音打字、五笔打字、打字测试、打字教程、打字游戏等。其中，"打字教程"这个项目提供了相应的基础性打字指导，在进行打字练习之前，可以先进入这一项目进行学习，有助于提高打字练习的效率。

（3）在初始界面上，可以单击"打字测试"按钮，出现如图1-7所示测试界面，在该窗口中可进行打字速度测试，其测试内容分为英文测试、拼音测试和五笔测试。若想了解一下自己的键盘输入速度，可以单击"英文测试"进行打字速度测试。

图1-6　金山打字软件初始界面

图1-7　英文测试

（4）根据自身情况，有选择地自行练习各操作项目。在测试自己打字速度的同时，要尽快提高速度，并学会盲打。

实训4　指法练习

实训内容

练习字母键位、数字键位和双字符键位。

操作步骤

（1）英文输入练习。

目的：通过英文输入练习，进一步熟悉键盘键位使用频率最高的字母键的输入。

要求：录入以下英文，争取在8分钟完成。

Electronic Mail(E-mail)

During the past few years, scientists over the world have suddenly found themselves productively engaged task they once spent their lives avoiding—writing, any kind of writing, but particularly letter writing. Encouraged by electronic mail's surprisingly high speed, convenience and economy, people who never before touched the stuff are regularly, skillfully, even cheerfully tapping out a great deal of correspondence.

Electronic networks, woven into the fabric of scientific communication these days, are the route to colleagues in distant countries, shared data, bulletin boards and electronic journals. Anyone with a personal computer, a modem and the software to link computers over telephone lines can sign on. An estimated five million scientists have done so with more joining every day, most of them communicating through a bundle of interconnected domestic and foreign routes known collectively as the Internet, or net.

（2）数字键输入练习。反复进行以下几组数字的练习，熟练掌握数字键的输入。

1212、2323、3434、4545、5656、6767、7878、8989、9090

1234、2345、3456、4567、5678、6789、7890、8901、9012

（3）上位字符输入练习。通过上位字符的输入练习，掌握 Shift 的组合使用，以提高输入速度，注意在练习时，左边的上位字符与右边的 Shift 键配合，右边的上位字符与左边的 Shift 配合。反复进行以下字符的输入练习：

~ ! @ # $ % ^ & * ( ) ; " ? < > { } | _ +

< > ? : " } { | + _ ( ) * & ^ % $ # @ ! ~

（4）速度测试。利用软件测试自己的键盘录入速度，计算机专业同学的输入速度应在每分钟 30 字以上，非计算机专业的同学应在每分钟 15 字以上。毕业后，输入速度应在每分钟 50 字以上才能满足日常工作学习的需求。

三、思考与练习

1．键入符号"|"和"~"，正确的键盘操作指法是怎样的？

2．当键盘右上部的 Caps Lock 指示灯亮时，键入的字符是大写的还是小写的？当 Num Lock 指示灯亮时，小键盘上的数字有效吗？

3．如何使用上档键完成暂时性的大小写转换？

实验三　汉字输入

一、实验目的

（1）熟悉汉字系统的启动及转换。

（2）掌握一种汉字输入方法。

（3）掌握英文、数字、全角、半角字符、图形符号和标点符号的输入方法。

（4）通过输入汉字的训练，进一步熟练指法并提高汉字输入速度。

二、实验内容与步骤

目前，汉字输入法有很多种。一般来说可以将汉字输入法分为两类，即音形输入和字形输入，分别根据汉字的汉语拼音和汉字的字形来输入。常见的音形输入法有全拼输入法、双拼输入法、微软拼音输入法和智能 ABC 输入法等;常见的字形输入法有五笔输入法、表形码输入法、郑码输入法等。对于每一类输入法来说，能快速且高正确率地输入汉字是其成功之处。

输入汉字不像输入英文字母那样简单。汉字的结构十分复杂，所以输入汉字需要一定的输入法软件支持。输入法软件的任务是先将输入的键盘信息经过相应的编码处理，再在屏幕上显示出来。

实训 1 汉字输入方法

实训内容

汉字输入法的切换，全角 / 半角的转换及中 / 英文标点符号的转换，拼音和五笔字型的输入方法。

操作步骤

（1）汉字输入法的选择及转换。在 Windows 中，汉字输入法的选择及转换方法有以下四种：

1）单击任务栏上的输入法指示器 En 可选择输入方法。

2）打开"开始"菜单，依次选择"设置""控制面板"命令，在"控制面板"窗口中双击"输入法"图标，在"输入法属性"对话框中单击"热键"标签，在其选项卡中选择一种输入法（如拼音输入法）后，单击"基本键"输入框的列表按钮，选择"1"，在"组合键"区的"Alt"及"左键"前面的复选框中单击打上对勾标志，单击"确定"后关闭"控制面板"窗口，此时按下字符键区左边的 Alt 并按数字键 1，即可将输入法切换成所选（如拼音）输入法。

3）按 Ctrl+Space 组合键，可实现中英文输入的转换。

4）按 Ctrl+Shift 组合键反复几次，直至出现要选择的输入法。

（2）全角 / 半角的转换及中 / 英文标点符号的转换。

1）单击输入法状态条上的半月形或圆形按钮，可实现半角与全角的转换，也可用全 / 半角切换快捷键 Shift+Space，如图 1-8 所示。

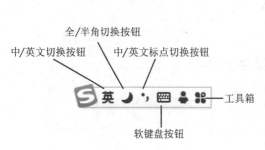

图 1-8　输入法指示器和状态条

2）单击输入法状态条上的标点符号按钮，可实现英文标点符号与中文标点符号的转换，也可用中 / 英标点切换快捷键"Ctrl+."。

（3）特殊符号的输入。需输入符号时，打开"插入"菜单，执行"符号"或"特殊符号"命令，在弹出的对话框中选择所需的符号后，单击"插入"按钮。"符号"对话框中包含了所有安装的各种符号，"特殊符号"对话框中包含了常用的数字序号、标点符号、拼音符号等。

（4）几种输入法的编码方法。

1）全拼输入法。只要熟悉汉语拼音，就可以使用全拼输入法。全拼输入法是按规范的汉语拼音输入外码，即用 26 个小写英文字母作为 26 个拼音字母的输入外码。其中 ü 的输入外码为 v。例如，计算机的输入外码为"jisuanji"。

2）双拼输入法。双拼输入法简化了全拼输入法的拼音规则，即只用两个拼音字母表示一个汉字，规定声母和韵母各用一个字母，因而只要两次击键就可以打入一个汉字的读音。双拼输入法中声母、韵母与键位的对照表见表 1-1。

表 1-1　双拼输入法中声母、韵母与键位的对照表

键位	声母	韵母
a		a
b	b	ou
c	c	iao
d	d	uang, iang
e		e
f		en
g		eng
h		ang
i	ch	i
j	j	an
k	k	ao
l	l	ai
m	m	ian
n	n	in
o		o, uo
p	p	un
q	q	iu
r	r	uan, er
s	s	ong
t	t	ue
u	sh	
v	zh	ui
w	w	ia, ua
x	x	ie
y	y	uai, ü
z	z	ei
;		ing

3）智能 ABC 输入法。智能 ABC 输入法功能十分强大，不仅支持人们熟悉的全拼输入、

简拼输入，还提供混拼输入、笔形输入、音形混合输入、双打输入等多种输入法。此外，智能 ABC 输入法还具有一个约 6 万词条的基本词库，且支持动态词库。

单击"标准"按钮，切换到"双打智能 ABC 输入法状态"；再单击"双打"按钮，又回到"标准智能 ABC 输入法状态"。在"智能 ABC 输入法"状态下，用户可以使用如下几种方式输入汉字。

a．全拼输入法和智能 ABC 输入法相似。

b．简拼输入法。简拼输入法的编码由各个音节的第一个字母组成，对于包含 zh、ch、sh 这样的音节，也可以取前两个字母组成。简拼输入法主要用于输入词组，例如：

词组	全拼输入	简拼输入
学生	xuesheng	xs(h)
练习	lianxi	lx

此外，在使用简拼输入时，隔音符号可以用来排除编码的二义性。例如，若用简拼输入法输入"社会"，简拼编码不能是"sh"，因为它是复合声母 sh，因此，正确的输入应该使用隔音符"'"，即输入"s'h"。

c．混拼输入法。智能 ABC 输入法支持混拼输入，也就是输入两个音节以上的词语时，有的音节可以用全拼编码，有的音节则用简拼编码。例如，输入"计算机"一词，其全拼编码是"jisuanji"，也可以采用混拼编码"jisj"或"jisji"。此外，在使用混拼输入法时，可以用隔音符号来排除编码的二义性。例如，"历年"一词的混拼编码为"li'n"，而不是"lin"，因为"lin"是"林"的拼音。

（5）五笔字型。五笔字型输入法将汉字笔画拆分成横（包括提笔）、竖（包括竖钩）、撇、捺（包括点）、折（包括除竖钩以外的各种带转折的笔）五种基本笔画。

五笔字型输入法以字根为基本单位。字根是由若干基本笔画组成的相对不变的结构。对应于键盘分布在各字母键上，如图 1-9 所示。

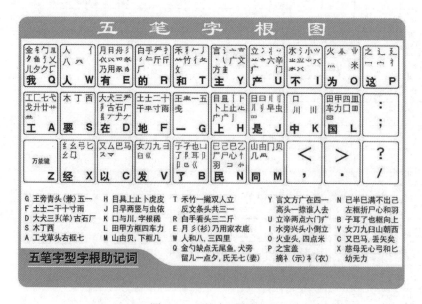

图 1-9　五笔字型字根图

五笔输入法中，字根间的位置结构关系有单、散、连、交四种。

单：指汉字本身可单独成为字根，如金、木、人、口等。

散：指汉字由多个字根构成，且字根之间不粘连、穿插，如"好"字由女、子构成。

连：指汉字的某一笔画与一基本字根相连（包括带点结构），如"天"字为一与大相连。

交：指汉字由两个或多个基本字根交叉套叠构成，如"夫"字由二与人套叠而成。

1）汉字分解为字根的拆分原则如下：

● 取大优先：指尽量将汉字拆分成结构最大的字根。

● 兼顾直观：指在拆分时应尽量按照汉字的书写顺序。

● 能散不连：指如果能将汉字的字根折分成散的关系，就不要拆分成连的关系。

● 能连不交：指如果能将汉字折分成连的关系，就不要拆分成交的关系。

2）识别码。识别码全称为"末笔字型交叉识别码"，由汉字的最后一笔的代码与该汉字的字型结构代码相组合而成，见表1-2。

表 1-2　末笔字型交叉识别码

末笔字型	左右型	上下型	杂合型
横	11 G	12 F	13 D
竖	21 H	22 J	23 K
撇	31 T	32 R	33 E
捺	41 Y	42 U	43 I
折	51 N	52 B	53 V

3）输入规则：

● 单字输入：按汉字的书写顺序将汉字拆分成字根，依次键入字根所在键，全码为四键，不足四键补识别码（+空格）。此外，还有以下几种特殊的汉字输入方式。

一级简码：首字根 + 空格键，对应于英文 a ～ y 共 25 个字。

二级简码：首字根 + 次字根 + 空格键，有 625 个。

三级简码：首字根 + 次字根 + 第三字根 + 空格键字，有 15625 个。

成字字根：如果汉字本身为一个字根，则称其为成字字根，输入规则为，字根码 + 首笔画 + 次笔画 + 末笔画（不足四键补空格）。

● 词组的输入：

两字词：首字前两字根码 + 末字前两字根码。

三字词：首字首字根码 + 次字首字根码 + 末字前两字根码。

四字词：各字的首字根码。

四字以上词：首字首字根码 + 次字首字根码 + 三字首字根码 + 末字首字根码。

● 学习键"Z"。"Z"键可以代替任何一个字根码，凡不清楚、不会拆的字根都可以"Z"键代替。

（6）微软拼音输入法的使用。微软拼音输入法增加了许多符合用户使用习惯的功能，词库更加丰富，支持自动更新词典和共享的扩展词典平台，可定制在线搜索。微软拼音输入法同时提供了新体验和简捷两种主流的输入风格，满足不同的用户打字习惯。对于习惯以前微软拼音输入法的用户或习惯主流拼音输入法的用户来说都可以很好地适应。

微软拼音输入法具有长句子智能判断功能，用户可以输入一整段话而不需要做出什么修改就可以直接成句。这也是微软拼音输入法相对其他拼音输入法只能输入词组，并且要频繁敲击空格键来确认词句的最大优势。

"微软拼音 - 新体验"秉承微软拼音传统设计风格，即嵌入式输入界面和自动拼音转换（基于词进行输入），其输入状态条如图 1-10 所示。

使用"微软拼音 - 新体验"输入过程中，拼音会自动转换为相应的汉字，也可以通过"空格"键或标点符号，如逗号、句号，完成拼音转换。

图 1-10　"微软拼音 - 新体验"输入方式

"微软拼音 - 简洁"为全新的设计风格，光标跟随输入界面、手动拼音转换（基于句子输入，类似于搜狗等输入法），在输入过程中，可通过按"空格"键手动转换拼音，其输入状态条如图 1-11 所示。

图 1-11　"微软拼音 - 简洁"输入方式

微软拼音的状态条在 Windows 7 中默认停靠在任务栏中，用户可以通过右键菜单中的"还原语言栏"命令将状态条悬浮于桌面上。输入状态条上的按钮功能如图 1-12 所示。

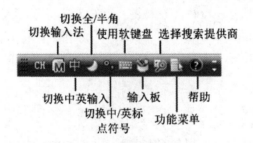

图 1-12　状态条按钮功能示意图

实训2　中文输入练习

实训内容

分别用文档编辑软件记事本和 Word 输入一段文字内容。

操作步骤

（1）通过"开始"→"Windows 附件"→"记事本"命令打开记事本应用程序窗口，选择一种汉字输入法，在记事本窗口内输入以下内容：

中国计算机研究发展历史与成就

我国计算机事业起步虽晚，但发展很快。1956 年我国开始规划电子计算机，1957 年由中国科学院计算技术研究所和北京有线电厂着手研制，1958 年 8 月 1 日成功地制造了第一台 DJS-1 型电子管计算机。该机共用了 4200 个电子管，4000 个晶体二极管，每秒运算速度达 1 万次。此后我国计算机迅速发展，势如破竹。

1964 年每秒运算 5 万次的晶体管计算机正式投入运行。1973 年以集成电路为主要元件的 150 型和 665 型计算机研制成功。1983 年 2 月，每秒 1 亿次的巨型计算机银河 -1 由长沙国防科技大学研制成功。1992 年 11 月，每秒 10 亿次的巨型计算机银河 -2 又由长沙国防科技大学研制成功，1997 年 11 月，每秒 100 亿次的巨型计算机银河 -3 又研制成功，标志着我国计算机技术已经跨入世界先进行列。

1999 年 9 月，我国研制成功运算速度高达每秒 3840 亿次的高性能巨型计算机"神威 I"，形成了"曙光""银河""神州""神威"四大高性能计算机系列。目前世界上只有美国、日本和中国具备这样的开发能力，足见我国计算机技术发展的速度之快和水平之高。

（2）在 Word 文档里，利用微软拼音输入法进行输入。要求：输入以下短文，要注意使用词组输入以提高输入速度，在 8 分钟内完成。（摘自《人民日报》2021 年 1 月 6 日 12 版）

中国"氢弹之父"于敏

于敏的科研生涯始于著名物理学家钱三强任所长的近代物理所。在原子核理论研究领域钻研多年后，1961 年，钱三强找他谈话，将氢弹理论探索的任务交给了他。从那时起，于敏转向研究氢弹原理，开始了隐姓埋名的 28 年。

当时的核大国对氢弹研究绝对保密，造氢弹，我国完全从一张白纸起步。

由于大型计算机时非常紧张，为了加快研究，于敏和团队几乎时刻沉浸在堆积如山的数据计算中。1965 年 9 月，上海的"百日会战"最终打破僵局：于敏以超乎寻常的直觉，从大量密密麻麻、杂乱无章的数据中理出头绪，抽丝剥茧，带领团队形成了基本完整的氢弹理论设计方案。

然而，设计方案还需经过核试验的检验。西北核武器研制基地地处青海高原，在那里，科研人员吃的是夹杂沙子的馒头，喝的是苦碱水，茫茫戈壁飞沙走石，大风如刀削一般，冬天气温低至零下 30 摄氏度，道路冻得像搓板。于敏的高原反应非常强烈，食无味、觉无眠，从宿舍到办公室只有百米路，有时要歇好几次、吐好几次。即便如此，他仍坚持解决完问题才离开基地。

1967 年 6 月，我国第一颗氢弹空投爆炸试验成功，中国成为世界上第四个拥有氢弹的国家。从第一颗原子弹爆炸到第一颗氢弹试验成功，美国用了七年多，中国仅仅用了两年零八个月。

三、思考与练习

1. 音形输入和字形输入法有什么不同？

2. 如何又快又好地使用微软拼音输入法？

3. 五笔字型输入法有何特点，如何利用它进行快速输入？

实验四　常用工具软件的使用

一、实验目的

（1）掌握 WinRAR 的安装。

（2）掌握如何使用 WinRAR 压缩、解压文件。

（3）掌握杀毒软件的安装。

（4）掌握杀毒软件的设置方法以及杀毒软件的使用。

二、实验内容与步骤

实训 1　WinRAR 安装与使用

实训内容

练习 WinRAR 软件的安装与文件的压缩及解压缩。

操作步骤

（1）打开 http://www.winrar.com.cn/index.htm 网址，可以下载 WinRAR 软件。WinRAR 软件非免费软件，需要购买。如果想了解 WinRAR 软件，可以下载试用版，或者通过 360 软件管家下载。

（2）安装 WinRAR。

1）设置目标文件夹。双击下载 WinRAR 的安装文件进行安装，如图 1-13 所示。系统默认安装在 C:\Program Files\WinRAR 文件夹下。单击"浏览"按钮，可以选择目标文件夹，修改 WinRAR 安装的位置。

图 1-13　安装 WinRAR

了解了 WinRAR 的有关信息之后，如果需要继续安装则单击"安装"按钮，如果不想安装则单击"取消"按钮。单击"安装"按钮后进入下一步，系统将 WinRAR 相关文件安装在指定文件夹中。

2）WinRAR 安装设置。当软件安装完之后需要进行 WinRAR 的安装设置，如图 1-14 所示。WinRAR 的设置有三组：第一组用于设置 WinRAR 关联的文件类型；第二组用于设置 WinRAR 的启动方式；最后一组设置 WinRAR 集成到 Windows 资源管理器中的属性。如果想得到更多帮助，可以单击"帮助"按钮阅读这些设置的详细描述。

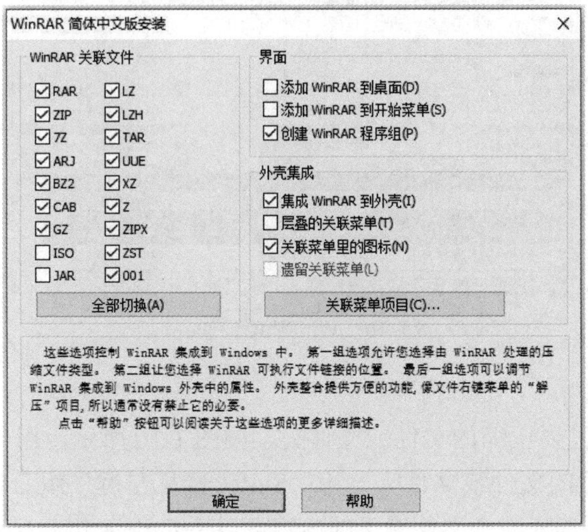

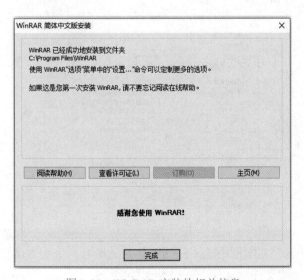

图 1-14　WinRAR 安装设置

这里选择默认勾选即可，单击"确定"按钮继续，安装程序弹出安装完成对话框，如图 1-15 所示，它提供了 WinRAR 安装的有关信息。最后单击"完成"按钮，结束 WinRAR 安装。

图 1-15　WinRAR 安装的相关信息

（3）WinRAR 操作界面。WinRAR 操作界面可分为标题栏、菜单栏、工具栏、目录列表栏、状态栏以及文件列表框，如图 1-16 所示。

图 1-16　WinRAR 操作界面

（4）压缩文件。

1）使用鼠标选定需要压缩的文件或文件夹，如图 1-16 所示，用"Ctrl+ 鼠标左键"组合键可以选择多个不连续的文件或文件夹，用"Shift+ 鼠标左键"组合键可以选择多个连续的文件或文件夹，如果要选择整个文件夹下的内容可以用 Ctrl+A 组合键。

2）在图 1-16 中单击"添加"按钮，弹出"压缩文件名和参数"对话框，如图 1-17 所示，在"常规"选项卡中设置压缩文件基本信息。

图 1-17　"压缩文件名和参数"对话框

3）在"压缩文件名"文本框中输入压缩文件的文件名。单击"浏览"按钮选择压缩文件存放的文件夹，否则压缩文件默认保存在当前文件夹中。

4）在"更新方式"中选择在保存压缩文件时 WinRAR 是否替换文件或更新文件，或者其他选项。

5）在"压缩文件格式"中选择压缩文件的类型，默认为"RAR"。

6）在"压缩方式"中选择压缩效果，有"存储""最好""较好""标准""最快""较快"6 个选项，默认为"标准"。

7）在"切分为分卷，大小"中选择压缩文件分卷大小。

8）在"压缩选项"中选择对压缩文件的特殊操作。其中"创建自解压格式压缩文件"是指压缩文件是一个具有自解压能力的可执行文件。

（5）解压文件。打开 WinRAR，在"目录列表栏"中输入压缩文件所在目录，然后选中要解压的文件，如图 1-18 所示。单击"解压到"按钮，弹出"解压路径和选项"对话框，如图 1-19 所示。

图 1-18 解压压缩文件　　　　　　　　图 1-19 "解压路径与选项"对话框

在"目标路径"中设置解压后文件存放的文件夹。如果是新建文件夹，可以单击"新建文件夹"按钮，直接在指定目录下建立一个新的文件夹。在"更新方式"和"覆盖方式"中选择对解压文件的操作。

（6）WinRAR 的快捷使用。当安装好 WinRAR 之后，WinRAR 软件会在右键快捷菜单中添加压缩、解压功能。选中要解压缩的文件或者要压缩的文件，如图 1-20 所示，右击弹出快捷菜单，根据需要选择对应的操作。

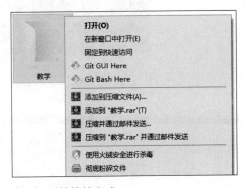

图 1-20 WinRAR 解压 / 压缩快捷方式

实训 2　杀毒软件的安装与使用

实训内容

练习杀毒软件的安装与使用。

操作步骤

（1）下载 360 杀毒软件。360 杀毒软件是一款免费杀毒软件，可以通过 http://sd.360.cn/ 网址下载。

（2）安装 360 杀毒软件。双击 360 杀毒软件的安装文件进行安装，系统默认安装在 C:\ Program Files\360\360sd 文件夹下。单击"更改目录"按钮，可以选择目标文件夹，修改安装的位置。勾选"阅读并同意许可使用协议和隐私保护说明"，单击"立即安装"，进行后续安装，如图 1-21 所示。360 杀毒软件安装好后将自动运行，如图 1-22 所示。

图 1-21　360 杀毒软件安装目录选择

图 1-22　360 杀毒软件界面

（3）360 杀毒软件扫描模式。360 杀毒软件扫描模式设置了四个选项：快速扫描、全盘扫描、自定义扫描、右键扫描，如图 1-23 所示。

图 1-23　360 杀毒软件扫描模式

● 快速扫描：扫描 Windows 系统目录及 Program Files 目录。由于扫描只针对这些重要目录，因此扫描时间较短。

● 全盘扫描：扫描所有磁盘。由于要扫描所有文件，因此扫描时间较长。

● 自定义扫描：用户自己选择要扫描的目录或文件，可以根据需要设定要扫描的目录或文件，从而减少扫描时间，如图 1-24 所示。

● 右键扫描：当用户在文件或文件夹上右击鼠标右键时，可以选择"使用 360 杀毒扫描"对选中文件或文件夹进行扫描。

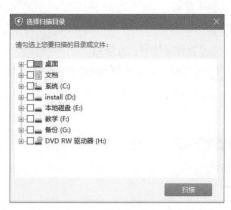

图 1-24　选择扫描目录

360 杀毒软件可以设置多重防御，如图 1-25 所示。防御的目的是做好"预防"工作，切断了病毒接触用户的各种途径，例如上网、下载、U 盘使用。防御可以分为主动防御、实时防御两种，用户可以根据自己的需要开启或关闭相应的功能。

图 1-25　360 杀毒软件的多重防御

单击 360 杀毒软件窗口右上角的"设置"可以根据用户的需求设置杀毒软件功能，如图 1-26 所示。它包括常规设置、升级设置、多引擎设置、病毒扫描设置、实时保护设置、文件白名单设置、免打扰设置、异常提醒、系统白名单。

● 在"常规设置"中可以选择是否在登录 Windows 后自动启动、是否上传发现的可疑程序文件、是否设置自保护状态、是否设置定时查毒等内容。

● 在"升级设置"中可以设置软件的升级方式。

● 在"多引擎设置"中可以根据自己计算机系统的配置调整杀毒引擎。

● 在"病毒扫描设置"中可以设置需要扫描的文件类型，发现病毒时的处理方式等。

- 在"实时保护设置"中可以设置保护级别、监控文件类型等。
- 在"文件白名单设置"中可以设置在查毒过程中不需要检查的文件或文件夹。
- 在"免打扰设置"中可以设置在运行某些软件的时候不干涉软件的运行。
- 在"异常提醒"中可以设置上网环境异常提醒、进程追踪器、系统盘可用空间监测和自动校正系统时间。
- 在"系统白名单"中设置用户信任的项目。

（4）360 杀毒软件快捷方式。360 杀毒软件添加了右键扫描。当安装好 360 杀毒软件后，选中要杀毒的文件或文件夹，右击弹出快捷菜单，选择"使用 360 杀毒 扫描"选项完成杀毒，如图 1-27 所示。

图 1-26　360 杀毒软件设置界面

图 1-27　快捷方式杀毒

（5）杀毒界面。当启动杀毒扫描程序后，360 杀毒软件呈现相应的界面，如图 1-28 所示。如果杀毒软件查到病毒，软件将提示受到威胁的对象，即受感染的文件或对象，以及威胁类型，即病毒类型。根据前面设定的处理方式，软件将自动处理或询问用户后由用户选择处理方式，如图 1-29 所示，同时根据用户需要可以暂停或停止杀毒过程，并向用户提供了杀毒完成后是否自动关机选项。

图 1-28　360 杀毒软件扫描文件

图 1-29　360 杀毒软件对可疑文件的处理

三、思考与练习

1．选择一些文件，利用 WinRAR 建立一个名字为 test.rar 的压缩包，然后选择一个文件加入 test.rar 压缩包中。

2．选择一些文件，利用 WinRAR 建立一个 test.rar 的自解压缩的压缩包。

3．利用 360 杀毒软件全盘扫描计算机磁盘。

第二单元　Windows 应用

实验一　Windows 10 桌面和窗口

一、实验目的

（1）掌握 Windows 10 桌面的组成。
（2）理解窗口、对话框的概念，熟练掌握窗口、对话框的组成与各种操作。
（3）掌握菜单的种类与操作。
（4）掌握任务栏的设置方法。

二、实验内容与步骤

实训 1　桌面管理

实训内容

按属性排列桌面图标，显示 / 隐藏桌面图标。

操作步骤

（1）启动计算机，屏幕上显示 Windows 桌面，观察桌面的组成，桌面由桌面图标、任务栏、桌面墙纸等组成。

（2）在桌面空白处右击，出现如图 2-1 所示快捷菜单，在"排序方式"的下级菜单中，分别选择"名称""大小""项目类型""修改日期"4 种方式排列桌面的图标，观察 4 种方式的不同效果。

（3）要使桌面上显示的图标全部隐藏起来，在桌面空白处右击，如图 2-2 所示，选择"查看"→"显示桌面图标"，此时"显示桌面图标"前的 ✓ 消失，桌面图标也随之消失。要想使图标再显示出来，再选择一次"显示桌面图标"菜单项，当该菜单前面出现 ✓，桌面图标也出现。

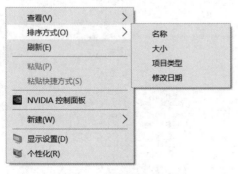

图 2-1　图标排序方式

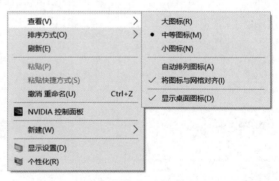

图 2-2　图标查看方式

实训 2 快捷图标的创建

实训内容

在桌面为 Word 2016 应用程序创建一个快捷方式。

操作步骤

在"此电脑"中，选中 Word 2016 应用程序对象 WORDICON.exe（该对象默认存放位置为"C:\Program Files (x86)\Microsoft Office\root\Office16"文件夹），右击，如图 2-3 所示，从快捷菜单上选择"发送到"→"桌面快捷方式"菜单命令。

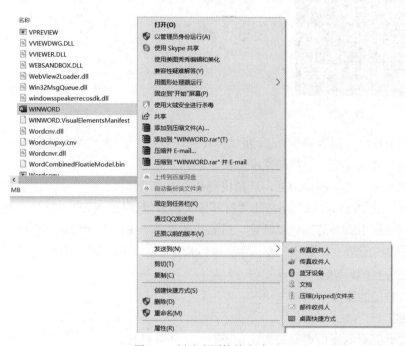

图 2-3　创建桌面快捷方式

注：也可使用"搜索框"找到 WORDICON.exe 文件，然后右击，在快捷菜单选择"发送到"→"桌面快捷方式"。

实训 3 任务栏设置

实训内容

（1）取消"锁定任务栏"，将任务栏移到屏幕的右边缘，再将任务栏移回原处。

（2）改变任务栏的宽度。

（3）取消任务栏的时钟并设置任务栏为自动隐藏。

操作步骤

（1）在任务栏空白处右击，弹出快捷菜单，如图 2-4 所示。其中的"锁定任务栏"菜单项前面若有 ✓，表示现在任务栏处于锁定状态，不能移动任务栏。单击"锁定任务栏"菜单项，取消锁定状态（即该菜单前没有 ✓）。在任务栏空白处按住鼠标左键不放，拖动鼠标移动到屏幕右侧，这时右侧会出现一条虚线，松开鼠标，任务栏就被移动到屏幕右侧。用同样的方法，再把任务栏拖曳到屏幕最下方（或在"任务栏"窗口中的"任务栏在屏幕上的位置"下拉列表框中设置任务栏位置，如图 2-5 所示）。

图 2-4　锁定任务栏　　　　　　　　　　图 2-5　"任务栏"窗口

（2）在任务栏没有锁定的状态下，将鼠标移到任务栏上边缘，当鼠标指针变成上下箭头时，按下左键拖动，可以改变任务栏的宽度。

（3）右键单击任务栏的空白处，选择快捷菜单中的"属性"命令，弹出"任务栏"窗口，如图 2-5 所示。在"通知区域"下单击"打开或关闭系统图标"，弹出"打开或关闭系统图标"窗口，在其列表框中将系统图标"时钟"后的开关改为"关闭"，时钟即刻隐藏。

（4）在图 2-5 所示"任务栏"窗口中，将"在桌面模式下自动隐藏任务栏"下的开关改为"开"，实现任务栏的自动隐藏。

实训 4　窗口的操作

实训内容

（1）对"计算机"窗口进行最大化、最小化、还原操作。

（2）调整窗口大小。

（3）拖动标题栏调节窗口位置。

（4）对打开的多个窗口进行切换。

（5）对打开的多个窗口进行切换排列。

操作步骤

（1）双击桌面"此电脑"图标，打开"此电脑"窗口，观察窗口的组成：标题栏、菜单栏、工具栏、状态栏等。单击窗口标题栏右上角的"最大化"按钮，窗口将满屏显示，此时，"最大化"按钮将变为"还原"按钮，单击该按钮，可将窗口恢复到原来状态。另外，双击标题栏，也可实现最大化窗口和还原窗口之间的转换。单击"最小化"按钮，窗口将以标题按钮的形式缩放到任务栏上。

（2）在"此电脑"窗口处于"还原"状态时，将鼠标指针移到窗口四周边缘，当指针变为双向箭头时，按下鼠标左键拖动，即可改变窗口的大小。

（3）在"此电脑"窗口处于"还原"状态时，将鼠标指针指向窗口的标题栏，然后拖曳鼠标，即可改变窗口位置。

（4）同时打开 3 个窗口，如"此电脑""回收站""网络"，使用以下方法切换活动窗口。

方法一：单击任务栏上代表该窗口的按钮，该窗口即可成为活动窗口。

方法二：若窗口没有完全被其他窗口遮住，单击该窗口未被遮住的部分，该窗口就会成为当前工作窗口。

方法三：使用 Alt+Tab 组合键进行切换。具体方法是：按住 Alt 键，单击 Tab 键，在桌面上会出现一个小任务框，它显示了打开的所有窗口的小图标，此时，再按 Tab 键，可选择下一个图标，选择到某个程序的图标时，释放 Alt 键，该图标对应的程序窗口就会成为当前工作窗口。

方法四：使用 Alt+Esc 组合键进行切换。使用该组合键切换窗口时，只能切换非最小化窗口，而对于最小化窗口，只能激活使其成为活动窗口。

方法五：使用 Windows 徽标键 ⊞ +Tab 组合键新建桌面，切换窗口。

（5）同时打开"此电脑""网络""回收站"3 个窗口，鼠标右键单击"任务栏"空白处，从快捷菜单中选择"层叠窗口""堆叠显示窗口"和"并排显示窗口"排列方式，观察 3 种排列方式的效果。最后单击标题栏右上角的"关闭"按钮，关闭窗口。

实训 5　"开始"屏幕的应用

虽然"开始"菜单会根据应用程序的使用频率将用户最常使用的几个程序显示在"开始"菜单的顶部，但是要想启动频繁使用的其他应用程序还是需要到"开始"菜单的"所有应用"列表中去查找。为了加快常用程序的启动速度，用户可以将这些程序以磁贴的形式添加到"开始"屏幕中。

实训内容

（1）将某一应用程序或某一文件夹添加到"开始"屏幕中。

（2）调整磁贴的位置和大小。

操作步骤

（1）用户可以将任意应用程序的可执行命令或指定文件夹添加到"开始"屏幕中，只需右击要添加的内容，然后在弹出的菜单中选择"固定到'开始'屏幕"命令即可。

添加的内容可以是"开始"菜单中的项目，也可以是文件夹或文件夹中的可执行文件，如图 2-6 所示。

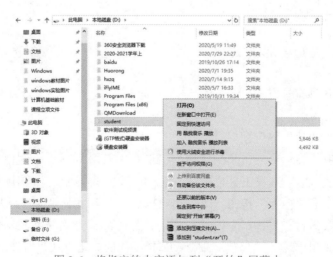

图 2-6　将指定的内容添加到"开始"屏幕中

（2）若要移动磁贴的位置，可将鼠标指针移动到磁贴上面，然后按住鼠标左键将磁贴拖曳到"开始"屏幕的另一个位置上，拖曳过程中"开始"屏幕会变暗，直到磁贴达到目标位置并释放鼠标左键。

要改变磁贴的大小，可右击磁贴并在弹出的菜单中选择"调整大小"命令，然后在子菜单中选择某个尺寸即可。

三、注意事项

1．退出 Windows 之前不要关机，以免应用程序被破坏。
2．退出 Windows 之前应先关闭已打开的各个应用程序。
3．不能随便重命名系统文件或文件夹，以避免改变系统程序，影响系统运行。
4．不要随便删除、移动不熟悉的文件或文件夹，以防破坏系统，造成系统瘫痪。

四、思考与练习

1．窗口和对话框分别由什么元素组成？它们的区别是什么？
2．任务栏和"开始"菜单还可以修改哪些属性？如何操作？

实验二　　Windows 10 文件和磁盘操作

一、实验目的

（1）掌握"此电脑""文件资源管理器"和"库"的使用。
（2）掌握文件的选定和浏览方法。
（3）熟练掌握文件（夹）的新建、移动、复制、删除、重命名等操作。
（4）掌握文件（夹）的搜索、显示与隐藏等操作。
（5）掌握磁盘属性的查看方法。

二、实验内容与步骤

实训 1　文件（夹）的浏览方式
实训内容
文件（夹）的各种查看方式。
操作步骤
（1）双击桌面上"此电脑"图标。
（2）在"此电脑"窗口中双击"C:"盘，在 C 盘中双击 Windows 文件夹。
（3）选择"查看"选项卡，在工具栏中有"超大图标""大图标""中图标""小图标""列表""详细信息""平铺"和"内容"按钮，单击相应按钮，即可呈现文件的各种浏览方式的效果，如图 2-7 所示，比较内容、平铺、中图标、详细信息等浏览方式的不同。也可在工作区空位置处右击，在快捷菜单中执行"查看"命令，选择不同的浏览方式查看。

图 2-7　文件（或文件夹）浏览方式

实训 2　文件资源管理器的使用

实训内容

文件资源管理器的各种打开方法和资源的浏览。

操作步骤

（1）启动"资源管理器"。

方法一：右击"开始"菜单按钮，在弹出的快捷菜单中选择"文件资源管理器"命令，打开"文件资源管理器"窗口，如图 2-8 所示。

图 2-8　文件资源管理器窗口

方法二：单击"开始"菜单按钮，在"开始"菜单中选择"文件资源管理器"命令，打开"文件资源管理器"窗口。

（2）"文件资源管理器"的工作区左右窗格之间有一个分隔条，用鼠标拖动分隔条，可以调整左右窗格框架的大小。

（3）展开和折叠文件夹。单击图 2-8 中左窗格的 Windows 文件夹，观察右窗格显示内容的变化（会显示 Windows 文件夹下的文件和文件夹）。单击 Windows 文件夹前面的"〉"符号，文件夹会展开，此时符号"〉"变成符号"〵"。单击 Windows 文件夹前面的"〵"符号，文件夹会折叠，此时符号"〵"变成符号"〉"。

在文件资源管理器中可以新建、复制、移动、删除文件和文件夹，操作方法与"此电脑"相似，在此不赘述。

实训 3　文件（夹）的选定

实训内容

单选、多选和全选文件（夹）。

操作步骤

对文件或文件夹进行操作之前，先选定要进行操作的文件或文件夹，即"先选择后操作"的原则，用以下方法选定文件或文件夹。

（1）选定单个文件（夹）：单击要选择的文件或文件夹，使其为高亮度显示。

（2）选定连续的多个文件（夹）：先单击第一个文件或文件夹图标，按住 Shift 键，再单击最后一个文件或文件夹图标，这样，从第一个到最后一个连续的文件或文件夹被选中。

（3）选定不连续的多个文件（夹）：先单击第一个文件或文件夹图标，按住 Ctrl 键，再依次单击要选定的文件或文件夹。

（4）选定全部文件和文件夹：选择菜单中的"全部选定"命令，或者按 Ctrl+A 组合键，即可选定该对象下所有文件和文件夹。

实训 4　文件（夹）的基本操作

实训内容

（1）在 D 盘根目录下创建一个名为 student 的文件夹，然后在其中创建 3 个文件夹，名称分别为：图片、实验文档、电影。

（2）在"实验文档"文件夹下，新建一个名为"练习 .doc"的 Word 文件（文件不输入内容）。

（3）将 D 盘的"图片"文件夹复制到 C 盘根目录下。

（4）将 D 盘的"实验文档"文件夹移动到 C 盘根目录下。

（5）删除 C 盘"实验文档"文件夹中的"练习 .doc"文件。

操作步骤

（1）双击 D 盘，在空白处右击，选择快捷菜单中的"新建"→"文件夹"命令，如图 2-9 所示，输入文件夹名称 student，然后双击 student 这个文件夹，再按照上述方法，创建 3 个文件夹，并依次命名为"图片""实验文档""电影"。

（2）双击"实验文档"文件夹，在空白处右击，选择快捷菜单中的"新建"→"Microsoft Word 文档"命令，输入文件名称"实验一 .doc"。

（3）选择 D 盘的"图片"文件夹，选择菜单中的"编辑"→"复制"命令（或右击鼠标，在弹出的快捷菜单中选择"复制"命令，或按 Ctrl+C 组合键），然后定位到 C 盘根目录，选择菜单中的"编辑"→"粘贴"命令（或右击鼠标，在弹出的快捷菜单中选择"粘贴"命令，或按 Ctrl+V 组合键），完成文件夹的复制操作。

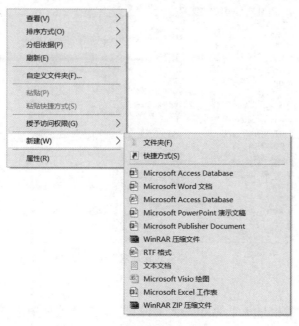

图 2-9　新建 Word 文档

（4）选择 D 盘的"实验文档"文件夹，选择菜单中的"编辑"→"剪切"命令（或右击鼠标，在弹出的快捷菜单中选择"剪切"命令，或按 Ctrl+X 组合键），然后定位到 C 盘根目录，选择菜单中的"编辑"→"粘贴"命令（或右击鼠标后，在弹出的快捷菜单中选择"粘贴"命令，或按 Ctrl+V 组合键），完成文件夹的移动操作。

（5）双击 C 盘的"实验文档"文件夹，选定"练习 .doc"文件，按 Delete 键（或右击，在弹出的快捷菜单中选择"删除"命令）即可删除该文件。

实训 5　文件（夹）的搜索

实训内容

搜索一个名为 Explorer.exe 的文件（夹）。

操作步骤

（1）打开"文件资源管理器"，选择搜索范围，在导航窗格中单击"此电脑"，然后在其"搜索框"中输入"Explorer.exe"，如图 2-10 所示。

（2）在"搜索"框中依次输入 E、x、p……过程中，这时计算机系统会自动搜索满足条件的文件（夹），并在界面中显示搜索到的相关程序、控制面板项以及文件，其搜索速度很快。

实训 6　文件（夹）的显示与隐藏

实训内容

将 D 盘根目录下的 student 文件夹属性设置为"隐藏"，并进行显示所有文件（夹）和不显示隐藏文件（夹）的操作。

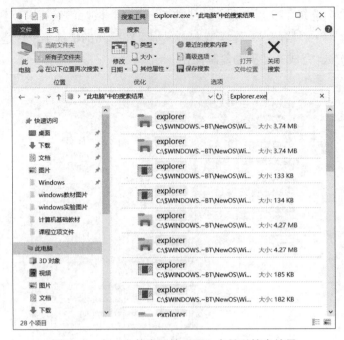

图 2-10　在"文件资源管理器"中显示搜索结果

操作步骤

（1）鼠标右击 D 盘根目录下的 student 文件夹，在快捷菜单中选择"属性"命令，弹出
"student 属性"对话框，勾选"隐藏"前面的复选框，单击"确定"或"应用"按钮，如图 2-11
所示。在弹出的"确认属性更改"对话框中，选择"将更改应用于该文件夹、子文件夹和文件"
单选按钮，单击"确定"按钮，完成将 student 文件夹属性设置为"隐藏"的操作。

图 2-11　"student 属性"对话框

（2）选定文件或文件夹，在这里选定 D 盘，在"查看"选项卡中单击"选项"按钮，打开"文件夹选项"对话框，单击"查看"选项卡，如图 2-12 所示。在"隐藏文件和文件夹"选项中，先选择"不显示隐藏的文件、文件夹或驱动器"单选按钮，查看 D 盘根目录下显示的文件（夹）对象，再选择"显示隐藏的文件、文件夹和驱动器"单选按钮，查看 D 盘根目录下显示的文件（夹）对象，比较隐藏文件和文件夹的显示情况。

实训 7　磁盘属性的查看

实训内容

查看各磁盘的属性，了解磁盘的总容量、可用空间和已用空间的大小，了解磁盘的卷标等信息。

操作步骤

鼠标右击 C 盘，选择快捷菜单"属性"命令，打开"磁盘属性"对话框，如图 2-13 所示，查看磁盘总容量、可用空间、已用空间的大小，了解磁盘的卷标、文件系统等信息。

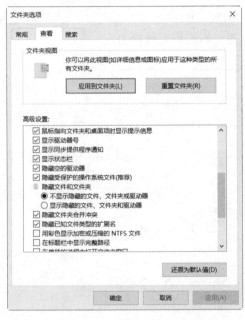

图 2-12　"查看"选项卡　　　　　　图 2-13　"磁盘属性"对话框

三、思考与练习

1．使用资源管理器怎样完成文件（夹）的新建、复制和移动？

2．文件（夹）压缩有什么作用？如何压缩和解压缩？

实验三　Windows 设置和小程序

一、实验目的

（1）掌握"Windows 设置"窗口的打开方法。

（2）掌握系统日期和时间的设置方法。

（3）掌握自定义桌面的设置方法。

（4）掌握添加或删除程序的操作方法。

（5）掌握常用小程序的使用方法。

二、实验内容与步骤

实训 1　Windows 设置中心的打开

实训内容

打开"Windows 设置"窗口的各种方法。

操作步骤

（1）方法一：在"开始"菜单中单击"设置"按钮。

方法二：右击"开始"按钮，在快捷菜单中选择"设置"菜单。

（2）打开"Windows 设置"窗口，如图 2-14 所示。"Windows 设置"窗口提供了三种视图方式：类别视图、大图标视图和小图标视图。单击窗口中右上方"类别"下拉按钮，选择相应的视图选项可以进行视图切换，本实验中将视图切换为小图标视图。

图 2-14　"Windows 设置"窗口

实训 2　设置系统日期和时间

实训内容

（1）查看、设置系统日期和时间。

（2）更改系统日期和时间格式。

（3）设置多个时钟并设置系统时间与 Internet 时间同步。

操作步骤

1. 查看、设置系统日期和时间

（1）将鼠标指针指向任务栏中的日期和时间显示区域，将会显示日期、时间和星期。如果单击任务栏中的日期和时间显示区域，将会弹出"日期和时间"面板，显示了当前日期所在月份整月的日期，形式类似于日常生活中的日历，还显示了当前的时间。用户可以在"日期和时间"面板中灵活查看日期。

（2）如果日期和时间不正确，可以随时进行调整，右击任务栏中显示日期和时间的区域，然后在弹出的菜单中选择"调整日期 / 时间"命令，在打开的"日期和时间"设置窗口中，"自动设置时间"选项处于开启状态，此时无法更改日期和时间，如图 2-15 所示。用户可以使用"自动设置时间"选项自动调整系统的时间。

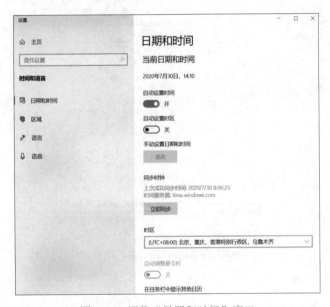

图 2-15　调整"日期和时间"窗口

（3）使用鼠标拖动滑块使"自动设置时间"选项处于关闭状态，然后单击"更改"按钮，如图 2-15 所示。

（4）在打开的"更改日期和时间"对话框中，各下拉列表提供了日期和时间选项，可以根据需要进行日期和时间的设置。设置好以后单击"更改"按钮，关闭"更改日期和时间"对话框。

2. 更改系统日期和时间格式

如果对日期和时间格式有特殊需要，则可以进行自定义设置，具体操作步骤如下。

（1）进入"日期和时间"设置窗口，单击"日期、时间和区域格式设置"链接，如图 2-16 所示。

（2）在弹出的窗口中设置区域、日期和时间的格式。

3. 设置多个时钟并设置系统时间与 Internet 时间同步

计算机在使用一段时间后，用户可能会发现任务栏中显示的系统时间出现一些误差，这时可以设置其与 Internet 时间同步以便更正系统时间，还可以避免由于与 Internet 时间不一致而导致的一些有关网络功能方面的问题。设置与 Internet 时间同步的具体操作步骤如下。

（1）进入"日期和时间"设置窗口，单击"添加不同时区的时钟"链接，弹出"日期和时间"对话框，如图 2-17 所示。

图 2-16　更改日期和时间格式

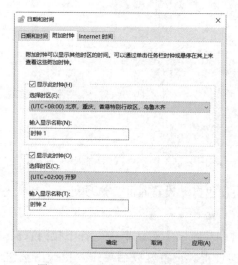

图 2-17　"日期和时间"对话框

（2）在"附加时钟"和"Internet 时间"选项卡中，可完成多个时钟和与 Internet 时间同步的设置。

实训 3　添加或删除应用程序

实训内容

（1）删除计算机中的某一应用，添加或删除 Windows 中的某一程序。

（2）为系统中的应用设置默认程序。

操作步骤

（1）在"Windows 设置"窗口单击"应用"图标，打开"应用和功能"窗口，如图 2-18 所示。

在"卸载或更改程序"列表框中选择所要删除的应用，比如"邮件和日历"应用，单击"卸载"命令按钮，弹出对话框，确认是否删除所选应用。除了"卸载"选项外，某些应用还包含"更改"或"修复程序"选项，若要更改应用，请单击"更改"。对于相关程序的删除和修改，可单击"程序和功能"链接，打开"程序和功能"对话框，完成程序的删除或修改。

图 2-18　添加或删除应用

（2）"默认程序"是指在用户双击某个文件后，将会自动启动并在其中打开这个文件的程序。例如某文档，我们可以用记事本也可用写字板打开它，当用户双击某个文档文件时，系统就会自动启动用户所设置的默认程序来打开该文件。设置默认程序在图 2-18 所示的"默认应用"窗口中进行，单击窗口左侧"默认应用"选项，右侧显示了 Windows 10 中的收发电子邮件、浏览图片、播放音乐和视频、浏览网页等常规应用所使用的默认程序，如图 2-19 所示。

图 2-19　"默认应用"窗口

可以为没有设置默认程序的应用选择一个默认程序，也可以为已经设置了默认程序的应用更改默认程序。在图 2-19 中，单击"按文件类型指定默认应用"链接，打开"按文件类型指定默认应用"窗口，如图 2-20 所示，找到需要设置默认应用文件的类型，如 .text 文件类型，再单击其后的"选择默认应用"按钮，在打开的列表中为当前应用选择一个默认程序。使用类似的方法，用户可以为已有默认程序的应用重新选择默认程序。

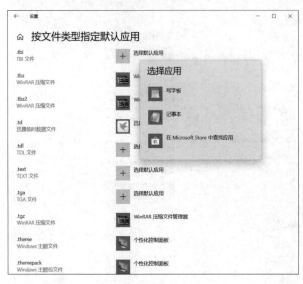

图 2-20　指定文件默认应用

实训 4　自定义桌面

实训内容

（1）一张图片作为桌面背景。

（2）将多张图片以幻灯片放映方式作为桌面背景。

（3）设置桌面主题。

（4）设置屏幕保护程序。

操作步骤

（1）选择一张图片作为桌面背景，用户可以从 Windows 10 预置的图片中选择一张图片作为桌面背景，具体操作步骤如下：

在"Windows 设置"窗口单击"个性化"图标，打开"设置"窗口，在左侧选择"背景"选项，然后在右侧的"背景"下拉列表中选择"图片"选项，接着在下方的预置图片中选择一张，在上方的"预览"中可以看到应用所选图片后的桌面背景效果，确定效果无误后，关闭"设置"窗口即可完成设置，如图 2-21 所示。

用户也可将自己喜欢的图片设置为桌面背景，这些图片来自于平时的收集并存储在计算机中。用户可以单击"浏览"按钮，在打开的对话框中导航到图片所在的文件夹，然后双击要设置为桌面背景的图片。

（2）将多张图片以幻灯片放映的形式设置为桌面背景，即类似幻灯片放映的方式定时在这些图片之间自动切换，从而形成动态的桌面背景效果。设置幻灯片放映方式的桌面背景的具体操作步骤如下：

图 2-21　桌面背景设置

在"Windows 设置"窗口单击"个性化"图标，打开"设置"窗口，在左侧选择"背景"选项，然后在右侧的"背景"下拉列表中选择"幻灯片放映"选项，然后单击"为幻灯片选择相册"链接下方的"浏览"按钮，在打开的对话框中选择要作为桌面背景的图片所在的文件夹。所选文件夹中的所有图片都将作为桌面背景进行幻灯片的轮流放映。单击"选择此文件夹"按钮后返回背景设置界面，此时所选文件夹的名称会出现在"为幻灯片选择相册"的下方。在"更改图片的频率"下拉列表中选择各图片之间切换的时间间隔。

（3）桌面主题是指由桌面背景、窗口颜色、桌面图标样式、鼠标指针形状、系统声音等多个部分组成的一套桌面外观和音效的方案。Windows 10 提供了几种预置的主题方案，通过选择不同的方案可以在不同主题之间快速切换。用户还可以创建新的主题，从而像使用预置主题一样快速切换到自己创建的主题中。

可使用 Windows 预置的桌面主题，在"Windows 设置"窗口单击"个性化"图标，打开"设置"窗口，在左侧选择"主题"选项，在右侧的"更改主题"中显示 Windows 预置主题，从中选择一种，即可一次性改变 Windows 桌面背景、窗口颜色、桌面图标样式、系统声音等内容。

（4）用户可以为系统设置一个屏幕保护程序，在不使用鼠标或键盘达到一定时长后，系统就会自动进入屏幕保护状态，这样在离开计算机期间可禁止任何人进入系统桌面并查看其中包含的任何内容。设置屏幕保护程序的具体操作步骤如下。

在"Windows 设置"窗口单击"个性化"图标，打开"设置"窗口，在左侧选择"锁屏界面"选项，在右侧单击"屏幕保护程序设置"链接，打开"屏幕保护程序设置"对话框，在"屏幕保护程序"下拉列表中选择一种屏幕保护的类型，如图 2-22 所示。单击"预览"按钮可以全屏预览所选的屏幕保护程序的运行效果。

在选择一个屏幕保护程序后，如果右侧的"设置"按钮变为可用状态，可以单击该按钮对当前所选的屏幕保护程序进行一些细节上的设置。

● "屏幕保护程序设置"对话框中的"等待"文本框用于指定在无人操作鼠标或键盘多久以后启动屏幕保护程序，最短可以设置为 1 分钟。

● 如果勾选"在恢复时显示登录屏幕"复选框，在准备退出屏幕保护程序时系统会要求用户输入当前用户登录 Windows 的密码。如果密码错误，将无法退出屏幕保护程序，这样就能起到保护计算机安全的作用。

图 2-22　"屏幕保护程序设置"对话框

实训 5　计算器的使用

实训内容

"计算器"可用于基本的算术运算，如加、减、乘、除、对数、阶乘等运算，也可进行不同进制的转换操作。练习将十进制数 326 转换为二进制数、十六进制数。

操作步骤

（1）在"开始"菜单中选择"计算器"命令，打开"计算器"窗口，如图 2-23 所示，选择菜单中的"程序员"命令，出现程序员计算器窗口界面。

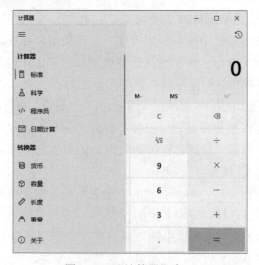

图 2-23　"计算器"窗口

（2）单击"十进制"选项，然后输入"326"（或使用鼠标依次单击"计算器"界面 3、2、6 三个按键），即可在界面上显示出二进制、八进制、十六进制数。

实训6　截图工具应用

实训内容

练习任意格式截图、矩形截图、窗口截图、全屏幕截图。

操作步骤

在"开始"菜单中选择"所有应用"→"Windows 附件"→"截图工具"命令，弹出"截图工具"窗口，进入截图模式，系统提供任意格式截图、矩形截图、窗口截图、全屏幕截图 4 种模式，用这 4 种模式分别进行截图，可将截图以文件的方式存储到计算机中，或把截图复制到 Word 文档中。

第三单元　WPS 文字应用

实验一　文档建立及编辑

一、实验目的

（1）掌握 WPS 文字的启动与退出，熟悉 WPS 文字的工作界面。

（2）掌握 WPS 文字文档的建立、保存与打开。

（3）掌握 WPS 文字文档的专用扩展名、兼容扩展名的使用，了解对应文件图标的区别。

（4）掌握 WPS 文字的文本输入、内容选定、复制、移动、删除及查找与替换等编辑操作。

二、实验内容与步骤

实训 1　WPS 文字文档的建立

实训内容

新建文档"国产大飞机的首席钳工胡双钱"，录入以下方框中的内容。以专用类型保存（即扩展名为 .wps），注意观察文件图标。

本单元所有实训用的操作素材《国产大飞机的首席钳工》相关内容原文节选自中华人民共和国国务院新闻办公室官网 http://www.scio.gov.cn/32621/32629/32755/Document/1437873/1437873.htm。

操作步骤

（1）启动 WPS 文字，新建一个空白文档。

> 推荐语：胡双钱是中国商飞大飞机制造首席钳工，人们都称赞他为航空"手艺人"。在 35 年里他加工过数十万个飞机零件，令人称道的是，其中没有出现过一个次品。今年，国产 C919 大飞机将迎来立项后的第九个年头，胡双钱也将迎来人生的第 55 个生日。距离退休还有 5 年的时间，老胡觉得这个时间太短了，他最大的理想是为了中国的大飞机再干 10 年、20 年，为中国大飞机多做一点贡献。
>
> C919 的首架飞机正在为早日首飞作准备，在这架有着数百万个零件的大飞机上，有 80% 是我国第一次设计生产，复杂程度可想而知。
>
> 航空工业要的就是精细活，大飞机的零件加工精度要求达到十分之一毫米级，对此胡双钱这么描述："相当于人的头发丝的三分之一，这个概念的公差。"胡双钱已经在这个车间里工作了 35 年，经他手完成的零件，没有出过一个次品。在中国民用航空生产一线，很少有人能比老胡更有发言权。胡双钱回忆："一个零件要 100 多万，关键它是精锻锻出来的，所以成本相当高。因为有 36 个孔，大小不一样，孔的精度要求是 0.24 毫米。"
>
> 0.24 毫米，相当于人头发丝的直径，这个本来要靠细致编程的数控车床来完成的零部件，在当时却只能依靠老胡的一双手，和一台传统的铣钻床，连图纸都没有。打完这 36 个孔，胡双钱用了一个多小时。当这场金属雕花结束之后，零件一次性通过检验，送去安装。
>
> 现在，胡双钱一周有六天要泡在车间里，这张仅有的全家福还是 2006 年照的。一年多以前，老胡一家从住了十几年的 30 平方米老房子搬了出来，贷款买了上海宝山区的 70 平方米新家。作为一个一线工人，老胡没有给家里挣来更多的钱，却带回了一摞摞的奖状证书。
>
> 胡双钱的同事钳工曹俊杰说："有难件、特急件，总会想到老胡，半夜三更把他叫进来也是很正常的事情。但相反的话他就是家里面肯定照顾得少一点。"
>
> 他说："我回想我的人生，我的一生过来，从工作，我是 708（运 -10）进来的，到我退休的时候正好在这参加 C919，年龄允许的话，最好再干 10 年、20 年，为中国大飞机多做一点贡献，这是最好的，也是我的理想。"

（2）录入文档文本内容并保存。在新建文档中输入以上文字，并以"国产大飞机的首席钳工胡双钱"为文件名，保存在"我的文档"中。单击"文件"→"另存为"，选择 WPS 专用文件类型（扩展名为".wps"），将文件保存在自己的 U 盘中，并观察文件对应的图标。

（3）退出 WPS 应用程序。单击窗口右上方关闭按钮即可。

实训 2　文档的打开与编辑

以实训 1 建立的"国产大飞机的首席钳工胡双钱 .wps"为素材，完成下列任务后将文档保存为兼容 Word 文件类型的"国产大飞机的首席钳工胡双钱 - 编辑 .docx"。

实训内容

（1）使用 WPS 打开"国产大飞机的首席钳工胡双钱 .wps"文档。

（2）将正文第 5 段和第 6 段交换位置。

（3）插入标题"国产大飞机的首席钳工胡双钱"，在原文第 3、5、6、7 段之前分别插入以下文字，并单独成段："胡双钱手中的航空工业""同事眼中的胡双钱""现在的胡双钱""胡双钱的理想"。

（4）将文中的"毫米"二字替换为"mm"。

（5）为第 3 项实训内容中插入的文字段落使用项目符号"➢"。

（6）将文件另存为"国产大飞机的首席钳工胡双钱 - 编辑 .docx"。

（7）观察不同"查看方式"下的".wps"文件和".docx"文件的图标。

操作步骤

（1）打开文档。利用双击打开已经建立好的"国产大飞机的首席钳工胡双钱 .wps"文档，或者在已经启动的 WPS 文字中选择"首页"→"打开"命令，选择需要打开的文档。

（2）移动文本。选中第 6 段文字（含段落标记），剪切（Ctrl+X）后，粘贴（Ctrl+V）到第 5 段行首。

（3）插入一段文本。将插入点定位在文档最前面，按回车键插入一行，并输入标题"国产大飞机的首席钳工胡双钱"。然后用同样的方法在原文第 3、5、6、7 段前插入一行，分别输入"胡双钱手中的航空工业""同事眼中的胡双钱""现在的胡双钱""胡双钱的理想"。

（4）查找与替换文本。选择"开始"→"查找替换"命令，在"查找内容"框中输入"毫米"，在"替换为"框中输入"mm"，然后单击"全部替换"命令。

（5）设置项目符号。将插入点定位到第 3 段（即插入的"胡双钱手中的航空工业"一段）任意位置，单击"开始"→"段落"→"项目符号"按钮 ☰ 右侧的下三角按钮，在符号列表框中选择"➢"；用同样的方法完成剩下 3 段的项目符号的添加。

（6）将文件名另存为"国产大飞机的首席钳工胡双钱 - 编辑"，选择兼容 Word 的".docx"类型进行保存。最后效果如下所示。

国产大飞机的首席钳工胡双钱

推荐语：胡双钱是中国商飞大飞机制造首席钳工，人们都称赞他为航空"手艺人"。在 35 年里他加工过数十万个飞机零件，令人称道的是，其中没有出现过一个次品。今年，国产 C919 大飞机将迎来立项后的第九个年头，胡双钱也将迎来人生的第 55 个生日。距离退休还有 5 年的时间，老胡觉得这个时间太短了，他最大的理想是为了中国的大飞机再干 10 年、20 年，为中国大飞机多做一点贡献。

C919 的首架飞机正在为早日首飞作准备，在这架有着数百万个零件的大飞机上，有 80% 是我国第一次设计生产，复杂程度可想而知。

> ➤ 胡双钱手中的航空工业

航空工业要的就是精细活，大飞机的零件加工精度要求达到十分之一 mm 级，对此胡双钱这么描述："相当于人的头发丝的三分之一，这个概念的公差。"胡双钱已经在这个车间里工作了 35 年，经他手完成的零件，没有出过一个次品。在中国民用航空生产一线，很少有人能比老胡更有发言权。胡双钱回忆："一个零件要 100 多万，关键它是精锻锻出来的，所以成本相当高。因为有 36 个孔，大小不一样，孔的精度要求是 0.24mm。"

0.24mm，相当于人头发丝的直径，这个本来要靠细致编程的数控车床来完成的零部件，在当时却只能依靠老胡的一双手，和一台传统的铣钻床，连图纸都没有。打完这 36 个孔，胡双钱用了一个多小时。当这场金属雕花结束之后，零件一次性通过检验，送去安装。

> ➤ 同事眼中的胡双钱

胡双钱的同事钳工曹俊杰说："有难件、特急件，总会想到老胡，半夜三更把他叫进来也是很正常的事情。但相反的话他就是家里面肯定照顾得少一点。"

> ➤ 现在的胡双钱

现在，胡双钱一周有六天要泡在车间里，这张仅有的全家福还是 2006 年照的。一年多以前，老胡一家从住了十几年的 30 平方米老房子搬了出来，贷款买了上海宝山区的 70 平方米新家。作为一个一线工人，老胡没有给家里挣来更多的钱，却带回了一摞摞的奖状证书。

> ➤ 胡双钱的理想

他说："我回想我的人生，我的一生过来，从工作，我是 708（运 -10）进来的，到我退休的时候正好在这参加 C919，年龄允许的话，最好再干 10 年、20 年，为中国大飞机多做一点贡献，这是最好的，也是我的理想。"

（7）在文件所在文件夹中，设置不同的查看方式（如大图标、小图标等），观察后缀名为".wps"和".docx"的两种不同类型文件对应图标的使用和变化情况。

特别说明：本单元后续保存的文件将只给出主文件名，由读者自行选择扩展名保存。

三、思考与练习

1. 文档的建立、打开、关闭与保存另外还有哪些方法？哪些方法最便捷？
2. 在本实验中你用到了哪些快捷键？
3. 项目符号按钮包括了几部分？各有什么功能？
4. 输入如下所示的文字，完成后续操作。

> **1. 静止灯光**。灯具固定不动，光照静止不变，不出现闪烁的灯光为静止灯光。绝大多数室内照明采用静止灯光，这种照明方式，能充分利用光能，并创造出稳定、柔和、和谐的光环境气氛，适用于学校、工厂、办公大楼、商场、展览会等场所。
>
> **2. 流动灯光**。是流动的照明方式，它具有丰富的艺术表现力，是舞台灯光和都市霓虹灯广告设计中常用的手段。如舞台上使用"追光灯"不断追逐移动的演员，又如用作广告照明的霓虹灯不断地流动闪烁，频频变换颜色，不仅突出了艺术形象，而且渲染了环境艺术气氛。

（1）将每一段的第一句去掉句号并单独成标题，并使用项目符号替代前面的编号。

（2）删除两段间的空行。

效果如下框内所示。

> **● 静止灯光**
> 灯具固定不动，光照静止不变，不出现闪烁的灯光为静止灯光。绝大多数室内照明采用静止灯光，这种照明方式，能充分利用光能，并创造出稳定、柔和、和谐的光环境气氛，适用于学校、工厂、办公大楼、商场、展览会等场所。

● **流动灯光**

是流动的照明方式，它具有丰富的艺术表现力，是舞台灯光和都市霓虹灯广告设计中常用的手段。如舞台上使用"追光灯"不断追逐移动的演员，又如用作广告照明的霓虹灯不断地流动闪烁，频频变换颜色，不仅突出了艺术形象，而且渲染了环境艺术气氛。

实验二　文档格式化

一、实验目的

（1）掌握字符的格式化。

（2）掌握段落的格式化。

（3）掌握边框和底纹等格式化文本方法。

（4）掌握格式刷的使用。

（5）掌握页眉页脚的设置。

二、实验内容与步骤

实训 1 字符的格式化

以文档"国产大飞机的首席钳工胡双钱 - 编辑"为素材，完成下列任务后将文档保存为"国产大飞机的首席钳工胡双钱 - 排版"。

实训内容

（1）将文档标题的对齐方式设置为"居中"。

（2）将标题设置为"华文彩云，蓝色，加粗，小三号"，字符间距加宽为 3 磅，为标题注拼音，拼音字号为 7。

（3）将除标题外正文中的"胡双钱"全部替换为"黑体，五号，蓝色，加粗，加着重点"。

操作步骤

（1）打开文档"国产大飞机的首席钳工胡双钱 - 编辑"，选择标题"国产大飞机的首席钳工胡双钱"，单击"开始"→"段落"→"居中 ≡"按钮。

（2）单击"开始"→"字体"→" 』 "图标，在弹出的"字体"对话框中设置字体与字符间距，如图 3-1 和图 3-2 所示。选中标题，利用"字体"功能区中的"拼音指南"按钮 ，为标题注音，将拼音字号设置为 7，如图 3-3 所示。

（3）单击"开始"→"替换"按钮，弹出"查找与替换"对话框，在"查找内容"框中输入"胡

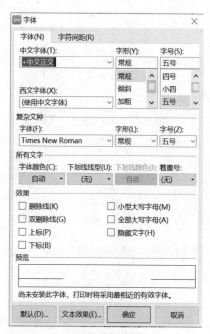

图 3-1　标题字符格式设置

双钱"，在"替换为"框中输入"胡双钱"。然后单击"更多"按钮，在"格式"中选择"字体"，在弹出的"替换字体"对话框中将字体设置按要求设置后单击"确定"按钮，在"查找和替换"对话框中，单击"全部替换"按钮，如图 3-4 所示。

图 3-2 设置标题字符间距

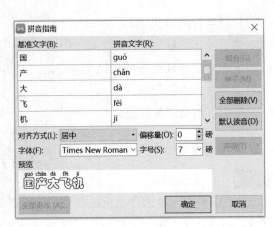

图 3-3 设置标题拼音

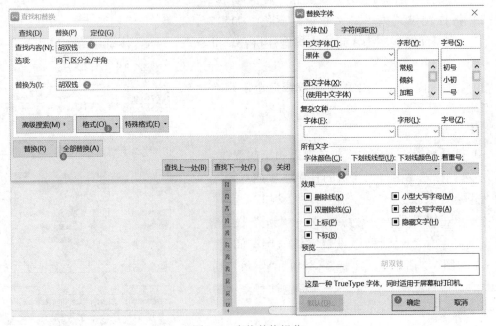

图 3-4 查找替换操作

（4）最后效果如下框内所示。将文件另存为"国产大飞机的首席钳工胡双钱 - 排版"。

国 产 大 飞 机 的 首 席 钳 工 胡 双 钱

推荐语: 胡双钱是中国商飞大飞机制造首席钳工, 人们都称赞他为航空"手艺人"。在 35 年里他加工过数十万个飞机零件, 令人称道的是, 其中没有出现过一个次品。今年, 国产 C919 大飞机将迎来立项后的第九个年头, 胡双钱也将迎来人生的第 55 个生日。距离退休还有 5 年的时间, 老胡觉得这个时间太短了, 他最大的理想是为了中国的大飞机再干 10 年、20 年, 为中国大飞机多做一点贡献。

　C919 的首架飞机正在为早日首飞作准备, 在这架有着数百万个零件的大飞机上, 有 80% 是我国第一次设计生产, 复杂程度可想而知。

➢ 胡双钱手中的航空工业

航空工业要的就是精细活, 大飞机的零件加工精度要求达到十分之一 mm 级, 对此胡双钱这么描述: "相当于人的头发丝的三分之一, 这个概念的公差。" 胡双钱已经在这个车间里工作了 35 年, 经他手完成的零件, 没有出过一个次品。在中国民用航空生产一线, 很少有人能比老胡更有发言权。　胡双钱回忆: "一个零件要 100 多万, 关键它是精锻锻出来的, 所以成本相当高。因为是有 36 个孔, 大小不一样, 孔的精度要求是 0.24mm。"

0.24mm, 相当于人头发丝的直径, 这个本来要靠细致编程的数控车床来完成的零部件, 在当时却只能依靠老胡的一双手, 和一台传统的铣钻床, 连图纸都没有。打完这 36 个孔, 胡双钱用了一个多小时。当这场金属雕花结束之后, 零件一次性通过检验, 送去安装。

➢ 同事眼中的胡双钱

胡双钱的同事钳工曹俊杰说:"有难件、特急件, 总会想到老胡, 半夜三更把他叫进来也是很正常的事情。但相反的话他就是家里面肯定照顾得少一点。"

➢ 现在的胡双钱

现在, 胡双钱一周有六天要泡在车间里, 这张仅有的全家福还是 2006 年照的。一年多以前, 老胡一家从住了十几年的 30 平方米老房子搬了出来, 贷款买了上海宝山区的 70 平方米新家。作为一个一线工人, 老胡没有给家里挣来更多的钱, 却带回了一摞摞的奖状证书。

➢ 胡双钱的理想

他说:"我回想我的人生, 我的一生过来, 从工作, 我是 708(运-10)进来的, 到我退休的话正好在这参加 C919, 年龄允许的话, 最好再干 10 年、20 年, 为中国大飞机多做一点贡献, 这是最好的, 也是我的理想。"

实训 2　段落的格式化

以文档"国产大飞机的首席钳工胡双钱 - 排版"为素材, 完成下列任务后将文档保存为"国产大飞机的首席钳工胡双钱 - 边框底纹"。

实训内容

（1）将文档中的段落设置为"两端对齐"对齐方式、"正文文本"大纲级别。

（2）段落缩进: 左右分别缩进 1 个字符, 首行缩进 2 个字符; 段间距: 段前 0.5 行, 段后 0.5 行; 行距: 单倍行距。

（3）为正文第一段设置如图 3-8 所示的边框、底纹。

操作步骤

（1）打开文档"国产大飞机的首席钳工胡双钱 - 排版", 选中除标题外的所有正文内容, 右键单击选中区域, 在弹出的菜单中选择"段落"命令, 在弹出的"段落"对话框中完成设置, 如图 3-5 所示。

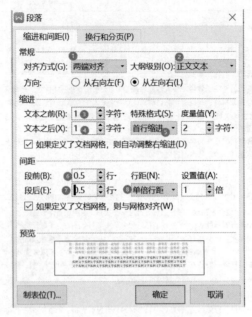

图 3-5 段落格式设置

注意：段落缩进可以利用标尺上面的三个箭头实现。标尺上方的箭头用于控制首行缩进；标尺下方左侧的箭头用于控制左侧缩进，右侧的箭头用于控制右侧缩进。

（2）为段落设置边框。把文档正文第一段全部选中，单击"开始"→"段落"→边框按钮，在弹出的"边框和底纹"对话框中进行设置。各项设置如下：边框设置为"方框"；样式为"虚线"；颜色为"橙色"；宽度为"3 磅"；应用于为"段落"，如图 3-6 所示。

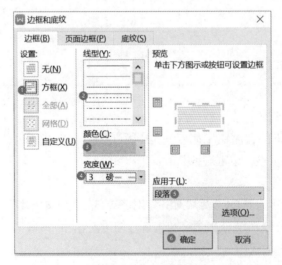

图 3-6 段落边框设置

（3）为字符设置底纹。在"边框和底纹"对话框中选择"底纹"选项卡，如图 3-7 所示。"底纹"各项设置如下："填充"为"没有颜色"；样式为"12.5%"；颜色为"自动"；应用于为"文字"。

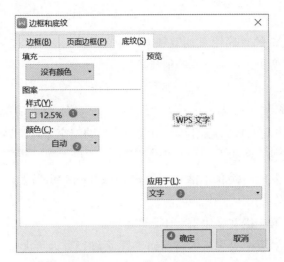

图 3-7 段落底纹设置

（4）保存文件为"国产大飞机的首席钳工胡双钱 - 边框底纹"，最后效果如图 3-8 所示。

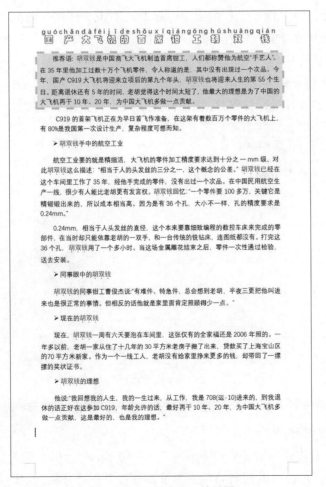

图 3-8 "边框底纹"效果图

实训3　其他排版设置

以文档"国产大飞机的首席钳工胡双钱 - 边框底纹"为素材，完成下列任务后将文档保存为"国产大飞机的首席钳工胡双钱 - 其他排版"。

实训内容

（1）将"标题1"样式修改为：字号为"四号"；段前为"6磅"，段后为"5.5磅"；多倍行距为"2.41"；并将修改后的样式应用到"胡双钱手中的航空工业""同事眼中的胡双钱""现在的胡双钱"和"胡双钱的理想"。

（2）将"航空工业要的就是精细活……"和"0.24mm，相当于人头发丝的直径……"两段文字分为两栏。

（3）将分栏段落中第一栏文字"首字下沉"4行。

（4）将页眉设置为"国产大飞机的首席钳工"，页脚设置为"大国工匠"，并在"轨道（右侧）"设置页码。

操作步骤

（1）"标题1"段落样式的设置与修改。打开文档"国产大飞机的首席钳工胡双钱 - 边框底纹"，在"开始"→"样式"里单击"标题1"，右击"样式"中的"标题1"，选择"修改样式"项，弹出如图3-9的"修改样式"对话框。在对话框中单击左下角的"格式"按钮，在弹出的菜单中单击"字体"或"段落"进行相应设置（字号为"四号"；段前为"6磅"，段后为"5.5磅"；多倍行距为"2.41"），设置结束后均单击"确定"返回"修改样式"窗口，单击"确定"按钮完成设置，并将修改后的"标题1"样式按实训要求应用到各小标题。

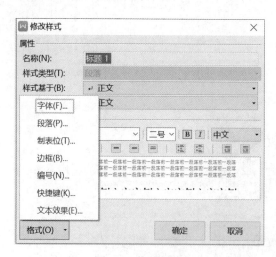

图3-9　修改样式

注意：单击"样式"功能区中的 可查看所有的样式，通过单击各样式侧面的下拉箭头，也能对相应样式进行操作。

（2）将"航空工业要的就是精细活……"和"0.24mm，相当于人头发丝的直径……"所在段落全部选中，单击"页面布局"→"页面设置"→"分栏"，在弹出的下拉列表中选择"两栏"。

（3）设置首字下沉。将光标停留在刚才分栏段落中，单击"插入"→"首字下沉"，在弹出的下拉框中选择"下沉"4行。

（4）设置页眉页脚。

1）设置页眉页脚中的文字。双击文档页眉位置，如图3-10所示，输入"国产大飞机的首席钳工"，双击文档页脚位置输入"大国工匠"。

图 3-10　设置页眉

2）设置页码。单击"插入"→"页码"，在下拉菜单中选择"页眉外侧"，如图3-11所示。

图 3-11　设置页码

注意：

● 如果需要修改页眉或者页脚，双击页面或者页脚即可。如果要退出页眉或页脚编辑，双击正文内容即可。

● 在编辑页眉和页脚的时候会出现"页眉和页脚"选项卡，可以直接通过该选项卡完成对页眉、页脚和页码的编辑。

（5）保存文件为"国产大飞机的首席钳工胡双钱 - 其他排版"，最后效果如图3-12所示。

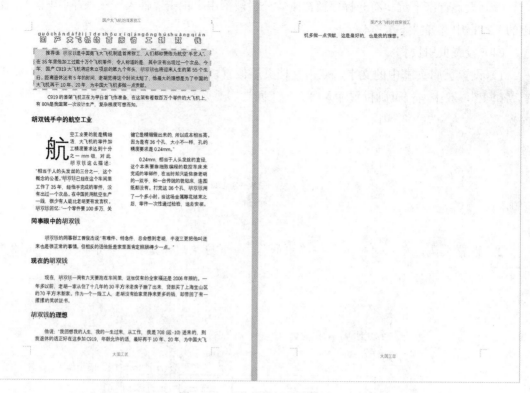

图 3-12　"其他排版"效果图

三、思考与练习

1．除了使用"边框和底纹"的方式给段落、文本添加边框外，还可以使用什么方法？

2．如何为自定义项目符号设置需要的颜色？

3．在本实验中，格式刷可以用在哪些地方？试着用格式刷进行操作。

4．"页眉和页脚工具栏"除了常规的页面、页脚编辑，还可以实现哪些功能？

5．在实验一思考与练习第 3 小题的基础上完成如下操作，完成后的效果如图 3-13 所示。

（1）取消项目符号。

（2）将小标题字符设为黑体、二号字，缩放 150%，并为小标题加边框；将正文字符设置为小三号字。

（3）为除标题外的"流动"两字设置文本效果，其中文本填充为渐变填充。

操作提示：①在"字体"对话框中单击"文字效果"按钮进行设置；②可使用"查找和替换"或格式刷完成所有"流动"的设置。

（4）将标题行的段前间距设置为 1.5 行，段后间距设置为 1 行；正文段落的首行缩进 2 字符，段前段后距均为 0 行；行间距设置为 28 磅。

（5）将该文档的页眉设置为"静止灯光与流动灯光"，页脚的页码编号设置成"I，II，III…的格式"。

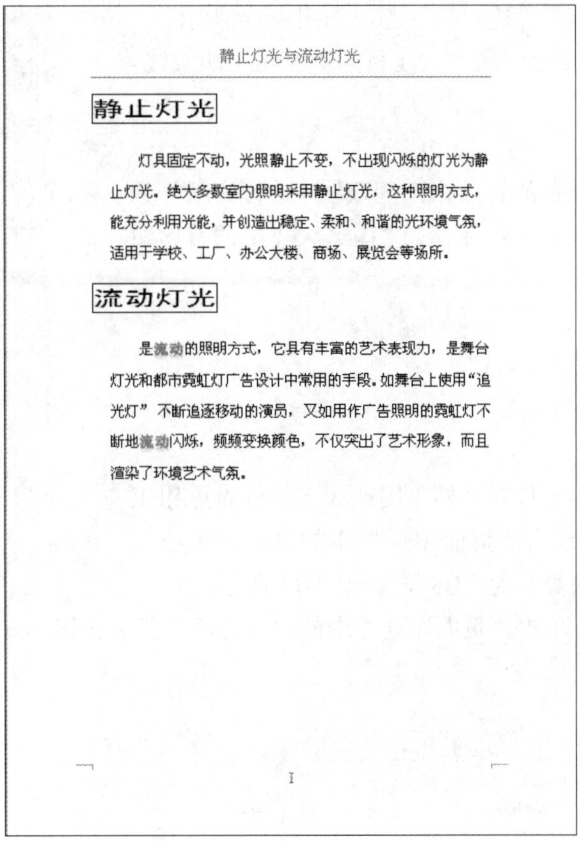
静止灯光与流动灯光

静止灯光

灯具固定不动，光照静止不变，不出现闪烁的灯光为静止灯光。绝大多数室内照明采用静止灯光，这种照明方式，能充分利用光能，并创造出稳定、柔和、和谐的光环境气氛，适用于学校、工厂、办公大楼、商场、展览会等场所。

流动灯光

是流动的照明方式，它具有丰富的艺术表现力，是舞台灯光和都市霓虹灯广告设计中常用的手段。如舞台上使用“追光灯”不断追逐移动的演员，又如用作广告照明的霓虹灯不断地流动闪烁，频频变换颜色，不仅突出了艺术形象，而且渲染了环境艺术气氛。

I

图 3-13　练习第 5 题完成后的效果图

实验三　文档页面设置

一、实验目的

（1）掌握主题设置。

（2）掌握页面设置。

二、实验内容与步骤

实训 1　主题设置

以文档“国产大飞机的首席钳工胡双钱 - 其他排版”为素材，完成下列任务后将文档保存为“国产大飞机的首席钳工胡双钱 - 主题”。

实训内容

为文档设置“透视”主题中某种文档格式，或自定义的风格。

操作步骤

（1）打开 WPS 中自带的主题。打开“国产大飞机的首席钳工胡双钱 - 其他排版”，单击“页面布局”选项卡中“主题”下拉菜单。

（2）选择主题。单击"透视"主题，如图 3-14 所示。

（3）将当前文档保存为"国产大飞机的首席钳工胡双钱 -主题"。

实训2 页面设置

以文档"国产大飞机的首席钳工胡双钱 - 边框底纹"为素材，完成下列任务后将文件保存为"国产大飞机的首席钳工胡双钱 - 页面"。

实训内容

（1）设置文档纸张为"B5"。

（2）设置"适中"页边距。

操作步骤

（1）选择纸张大小。打开文档"国产大飞机的首席钳工胡双钱 - 边框底纹"，单击"页面布局"中的"纸张大小"，在下拉列表中选择纸张类型为"B5"，如图 3-15 所示。

图 3-14 设置主题与文档格式

（2）设置页边距。单击"页面布局"中的"页边距"扩展按钮，在下拉列表中选择"适中"，如图 3-16 所示。

图 3-15 设置纸张大小

图 3-16 设置页边距

（3）将文件另存为"国产大飞机的首席钳工胡双钱 - 页面"。

实训3 封面设置

以文档"国产大飞机的首席钳工胡双钱 - 主题"为素材，完成下列任务后保存为"国产大飞机的首席钳工胡双钱 - 封面"。

实训内容

为文档插入 WPS 预设封面，适当调整封面格式。

操作步骤

（1）打开文档"国产大飞机的首席钳工胡双钱 - 主题"，将光标定位在文档起始位置。

（2）单击"插入"栏"页"中的"封面"，出现如图 3-17 所示的下拉列表，选择第 2 项预设封面。对图片颜色进行调整，在"文档标题"处输入"国产大飞机的首席钳工"，"副标题"处输入："大国工匠摄制组"，删除其他占位符，适当调整字号和文本框位置，如图 3-18 所示。

图 3-17 设置封面 图 3-18 封面

（3）查看设置效果。单击"视图"中"显示比例"里的"显示比例"。将"百分比"选项设置为"45%"，整篇文档排版效果如图 3-19 所示。保存文档为"国产大飞机的首席钳工胡双钱 - 封面"。

图 3-19 "封面设置"效果图

三、思考与练习

1．如何修改主题以及实现稿纸设置？

2．"页面背景"中的"页面边框"设置和"段落"中的"边框和底纹设置"有什么关系？

3．进一步完善封面设置。

4．在实验二思考与练习第 5 小题的基础上完成以下操作。

（1）自主应用任一种 WPS 主题。

（2）取消小标题的边框，将小标题的正文级别设置为 2 级。

（3）在文档最前面添加文档一级标题"静止灯光与流动灯光"。

（4）为该文档添加任一种 WPS 封面。

参考效果如图 3-20 所示。

图 3-20　练习第 4 题完成后的效果图

实验四　表格制作

一、实验目的

（1）熟练掌握表格的建立、表格内容的输入以及题注的添加。

（2）熟练掌握表格的编辑。

（3）熟练掌握表格的格式化。

二、实验内容与步骤

实训 1　表格的建立

实训内容

（1）插入一个 3 行 3 列的表格，并输入表 3-1 所列的数据。

（2）在表格第 2 条记录的位置插入记录：大学计算机基础教材，高等教育出版社，31.70 元。

（3）在表格第 3 列的位置插入各教材的 ISBN。该列插入的数据依次是"ISBN""978-7-5006-9443-4""978-7-04-024389-5""978-7-5124-0710-7"。

（4）按表格第 4 列进行排序。

（5）为表格添加标题栏"参考教材"。

（6）为表格设计"参考教材总价格"汇总行，使用 SUM 函数或公式汇总教材总价格。

（7）为表格设置合适的行高和列宽。

（8）将表格对齐方式设置为"居中"。

（9）设置表格样式为"网格表 4，着色 5"。

操作步骤

（1）插入表格。新建一个 WPS 文档，单击"插入"→"表格"，如图 3-21 所示，插入一个 3 行 3 列的表格，并按照表 3-1 输入内容后，将文档保存为"表格设计 1"。

表 3-1　表格素材

教材名称	出版社	价格 / 元
计算机基础教材	北京航空航天大学出版社	30.00
Office 办公专家	中国青年出版社	49.90

图 3-21　插入表格

（2）在表格中插入空行并输入数据。选中表格第二行，单击"表格工具"选项卡中的"在下方插入行"按钮，添加记录：大学计算机基础教材，高等教育出版社，31.70 元。

（3）在表格中插入空列并输入数据。选中表格第二列，单击"表格工具"选项卡中的"在右侧插入列"按钮，添加记录：ISBN、978-7-5006-9443-4、978-7-04-024389-5、978-7-5124-0710-7。

（4）数据排序。单击"表格工具"选项卡中的"排序"按钮，出现如图 3-22 所示的"排序"对话框。在"列表"中选择"有标题行"单选按钮,在"主要关键字"中选择"价格/元",在"类型"中选择"数字",再选择"降序"单选按钮。单击"确定"按钮,完成对表格的排序。

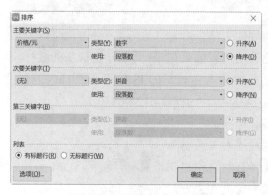

图 3-22 "排序"对话框

（5）为表格添加标题栏。选中表格第一行,单击"表格工具"选项卡中的"在上方插入行"按钮,选中插入的行,单击"表格工具"选项卡中的"合并单元格"按钮,并输入"参考教材"。

（6）为表格设计汇总行并使用公式进行汇总。选中表格最后一行,单击"表格工具"中的"在下方插入行",将插入行的前三个单元格合并为一个单元格,输入"参考教材总价格"。选中最后一个单元格,单击"表格工具"中的"公式",在"公式"对话框中选择求和公式计算出总价格,如图 3-23 所示。

图 3-23 "公式"对话框

注意:

1）在输入公式或者函数时,前面一定要先输入"=",图 3-23 中公式 SUM 的括号内的参数包括 4 个,分别是 LEFT（左侧）、RIGHT（右侧）、ABOVE（上面）和 BELOW（下面）,分别表示参与运算的数据来源于公式的左侧、右侧、上面和下面。

2）若此时无法对表格中的数据进行排序,是由于当前表不是数据清单（相关知识见下一章节内容）,需要将表中添加的标题行和汇总行删除后才能进行排序。

（7）选中整个表格,单击"表格工具"中的"自动调整",在弹出的下拉列表中选择"根据内容自动调整表格"调整表格的行宽和列高。

（8）选中整个表格,单击"表格工具"中"对齐方式"下的"水平居中",调节表格内容在单元格中的位置。

（9）选中整个表格,单击"表格样式"选项卡"表格样式"列表中的"浅色样式 1- 强调文字颜色 5"样式,将表格 3-1 的格式修改为表格 3-2 的格式,并保存。

表 3-2　修改样式后的表格

参考教材			
教材名称	出版社	ISBN	价格 / 元
Office 办公专家	中国青年出版社	978-7-5006-9443-4	49.90
大学计算机基础教材	高等教育出版社	978-7-04-024389-5	31.70
计算机基础教材	北京航空航天大学出版社	978-7-5124-0710-7	30.00
参考教材总价格			111.60

实训 2　复杂表格的建立

实训内容

单元格的合并和拆分。

操作步骤

（1）新建一个 WPS 文档，插入一个比较复杂的表格。表格样式见表 3-3。在插入表格之前，首先确定表格大致行数和列数。该表格大致有 15 行、7 列。

（2）利用"表格工具"中的"合并单元格""拆分单元格"功能，实现表 3-3 所示的样式，并将其保存为"学生学籍管理"。

表 3-3　学籍卡

姓名		性别		民族		照片
出生日期				政治面貌		
户口所在地						
联系地址				联系电话		
身份证号						
学习简历	起止年月			在何地何学校学习		
受到的奖励或处分						
家庭成员	与本人关系		姓名	在何地何部门工作		

三、思考题

1. 制作表格的方法有哪些？

2. 表格中如何设置行高和列宽？

3．单元格在合并、拆分的时候要注意哪些问题？

4．在 A3 纸中横向制作图 3-24 所示表格。

××省高等学校申报评审高级专业技术职务人员情况简表

| 学科：×××× | | 专业：×××× | | 学科组：×××× | | 学　校：××学校（单位）公章 | ××××年××月××日 |

姓　名		性 别	出生年月	民族	政治面貌	任现职以来发表的主要科研论文（著）及承担的科研项目和获奖情况	
最高学历（学位）及毕业（授位）时间、学校、专业							
下一级学历（学位）及毕业（授位）时间、学校、专业							
参加工作时间		工作部门及党政职务		现专业技术职务及时间			
现从事专业及专长				拟评审专业职务			
参加何种学术团体及职务				主要社会兼职			
何时荣获荣誉称号							
主要业务工作、进修简历							
任现职以来承担的教学、实验等业务工作及获奖情况	成绩情况（含教学业务工作及获奖情况）						
						师德表现情况	
						年度考核结论	答辩结论	外语考试（确认）语种、级别、时间及成绩	计算机考试级别、时间及成绩	公示情况
						同行专家意见	
						校学科组意见及表决结果	组长：　　　　年 月 日 应到 人，实到 人，同意 人，反对 人，弃权 人。	校评委会意见及表决结果	主任委员：　　　年 月 日 应到 人，实到 人，同意 人，反对 人，弃权 人。
						省学科组意见及表决结果	组长：　　　　年 月 日 应到 人，实到 人，同意 人，反对 人，弃权人。		
						省评委会意见	主任委员：　　　年 月 日 应到　人，实到 人，同意 人，反对 人，弃权 人。		

图 3-24　练习样表

实验五　图文混排

一、实验目的

（1）掌握图片的插入、编辑与格式化。

（2）掌握简单图形的绘制和格式化。

（3）掌握文本框的使用。

（4）学会使用公式编辑器。

（5）掌握图文混排的方法。

二、实验内容与步骤

实训 1　图片插入

以文档"国产大飞机的首席钳工胡双钱 - 封面"为素材，完成下列任务后将文档保存为"国产大飞机的首席钳工胡双钱 - 图片设置"。

实训内容

（1）在封面和正文第一页各插入图片（可在网上搜索胡双钱照片）。

（2）封面图片样式：按形状裁剪为椭圆，轮廓为浅色，实线，3 磅；正文第一页图片"图片颜色"为"冲蚀"，并"衬于文字下方"；图片效果为"倒影"；图片在页面中的位置自主设置。

（3）将文档首行的"国产大飞机的首席钳工胡双钱"设为艺术字，如图 3-29 所示，设置后参考效果如图 3-30 所示。

操作步骤

（1）插入图片。打开"国产大飞机的首席钳工胡双钱 - 封面"文档，单击封面适当位置，执行"插图"→"图片"命令，弹出"插入图片"窗口，选择一张图片，单击"插入"按钮，完成封面图片插入。单击正文第一页任意位置，用相同方法完成正文第一页图片插入。

（2）设置封面图片。

1）选中图片，按形状裁剪为"椭圆"，设置图片轮廓（颜色为"矢车菊兰，着色 1，80%"，线型为"实线，3 磅"），如图 3-25 所示。

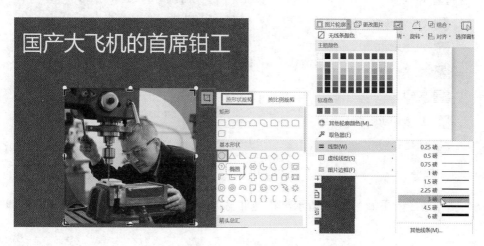

图 3-25 设置图片样式

2）将设置好样式的图片移到合适位置。

（3）设置正文第一页图片。

1）选中图片，设置图片颜色为"冲蚀"，图片效果为"倒影"。如图 3-26 和图 3-27 所示。

图 3-26 设置图片颜色 图 3-27 设置图片效果

2）设置图片位置。将图片拖曳于文档页面适当位置，设置文字环绕方式为"衬于文字下方"，如图 3-28 所示。

（4）插入艺术字。选中文档首行的"国产大飞机的首席钳工胡双钱"，单击"插入"中"文本"里的"艺术字"，选择任意一种艺术字。

（5）设置艺术字样式。单击插入的艺术字，在"绘图工具 / 格式"选项卡中选择艺术字样式为"填充：沙棕色，着色 2，轮廓：着色 2"。单击"文本效果"中的"转换"，在下拉列表中选择"转换"中的"两端近"样式，如图 3-29 所示。单击"绘图工具 / 格式"选项卡，将文字环绕方式设置为"上下型环绕"。

图 3-28　设置图片的文字环绕方式

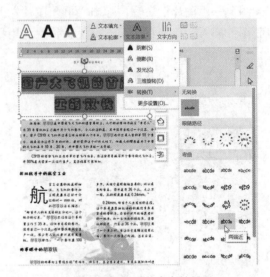

图 3-29　设置艺术字效果

（6）文档最后效果如图 3-30 所示，将文件另存为"国产大飞机的首席钳工胡双钱 - 图片设置"。

图 3-30　"图片设置"效果图

实训2 插入形状、文本框和智能图形

实训内容

（1）插入文本框和形状。

（2）组合形状和文本框。

（3）插入并格式化智能图形。

操作步骤

（1）插入文本框。新建一个 WPS 文字文档，单击"插入"中的"文本框"，在弹出的下拉栏中选择"横向"，如图 3-31 所示，输入内容"绘制各种形状"，使用 Ctrl+E 组合键让文字居中对齐。选中文本框，在"绘图工具"选项卡的样式列表中选择一种样式进行设置。

（2）插入直线与箭头，完成局部组合。单击"插入"→"形状"→"线条"按钮，在线条列表中选择"直线""箭头"等形状，绘制如图 3-32 所示的形状。按下 Shift 键，依次将所画的直线和箭头选中，执行"图片工具"→"组合"命令。

图 3-31　插入文本框　　　　　　　　图 3-32　直线、箭头组合设置

（3）对齐并组合线条和文本框。选中组合好的直线箭头形状，拖曳到文本框下方，调整到最佳位置；再按下 Shift，选中文本框和线条组合，执行"图片工具"→"对齐"→"左右居中"命令，再单击"图片工具"中的"组合"按钮。

（4）插入各种形状，并在形状中录入文字。执行"插入"→"形状"→"圆形"命令，选择绘制好的圆形，单击"绘图工具"中的"大小"按钮，分别设置长、宽，或直接拖曳形状到所需大小。按上述方法绘制其他形状后，右击形状，使用"添加文字"命令在形状中添加文字。

（5）为插入的形状设置轮廓颜色。使用"绘图工具"选项卡和"文本工具"选项卡，按自己喜好为形状设置"填充""轮廓""形状效果"，为文本设置"文本填充""文本轮廓""文本效果"等各种样式。

（6）组合形状。分别将三个形状移动到三个箭头下方，并和文本框、直线、箭头组合在一起，如图 3-33 所示。

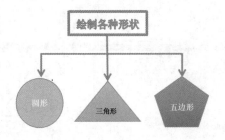

图 3-33　设置形状

（7）插入分离射线图，操作步骤如图 3-34 所示。

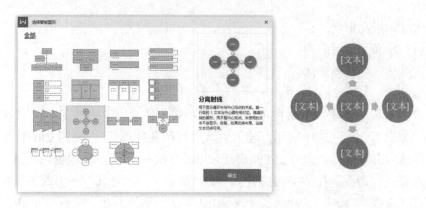

图 3-34　插入分离射线图

（8）输入文本内容。单击图 3-34 右图中的文本占位符，输入如图 3-35 所示的文字。

（9）设置形状样式，效果如图 3-36 所示。

图 3-35　智能图形的文本录入　　　　　　　　图 3-36　设置效果

形状样式可以在"设计"选项卡的"更改颜色"中选择相应的样式进行设置。

（10）将文件另存为"图形和形状设置"。

实训 3　编辑公式

实训内容

完成常见的数学公式编辑。

操作步骤

（1）新建一个空白文档,插入系统提供的公式并进行修改。单击"插入"→"公式"按钮,在弹出的"公式编辑器"窗口（图 3-37）中,选用给定函数所用组件,编辑数学公式,如图 3-38 所示。

$$f(x) = a_0 + \sum_{n=1}^{\infty}\left(a_n\cos\frac{n\pi x}{L} + b_n\sin\frac{n\pi x}{L}\right)$$

图 3-37　"公式编辑器"窗口　　　　　　　　图 3-38　傅立叶级数公式

（2）插入新公式。单击"插入"→"公式"按钮，在新的"公式编辑器"窗口中插入图 3-39 所示公式。

$$y = \int_a^b \sqrt[3]{x^2 + 5} \mathrm{d}x$$

图 3-39　插入新公式

三、思考与练习

1. 如何设置形状样式？
2. 若要微移形状，可以有哪些操作？
3. 自拟内容创建如图 3-40 所示格式的文档。

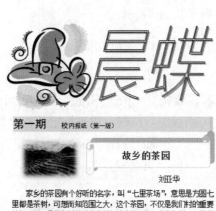

图 3-40　练习文档效果图

实验六　高级应用

一、实验目的

（1）掌握目录设置的方法。

（2）掌握邮件合并的方法。

（3）理解引用的含义。

二、实验内容与步骤

实训 1　目录设置

以文档"国产大飞机的首席钳工胡双钱 - 封面"为素材，完成下列任务后将文档保存为"国产大飞机的首席钳工胡双钱 - 目录"。

实训内容

为文档添加目录。

操作步骤

（1）进入大纲视图，在大纲视图中查看、设置文本的大纲级别。打开"国产大飞机的首席钳工胡双钱 - 封面"，单击"视图"→"大纲视图"按钮，将光标定位在"胡双钱手中的航空工业"一行，查看是否具有合理的大纲级别，必要时进行适当调整，如图 3-41 所示。

（2）选择目录插入点。关闭大纲试图，返回"页面视图"，单击"插入"→"空白页"，将光标移动到第二页（空白页）最前面。

（3）插入目录。单击"引用"→"目录"，在下拉列表中选择任意一种预设目录，如图 3-42 所示。

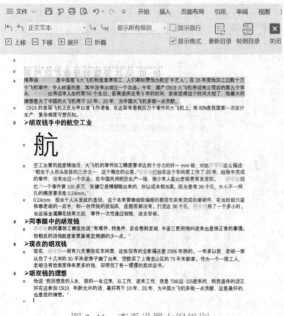

图 3-41　查看设置大纲级别

图 3-42　设置目录

（4）整篇文档的排版效果如图 3-43 所示。保存文档为"国产大飞机的首席钳工胡双钱 - 目录"。

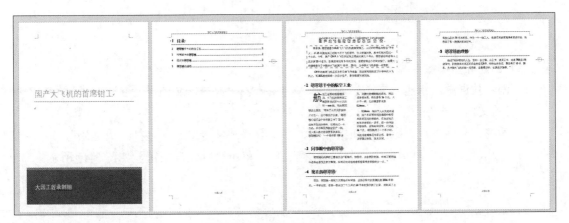

图 3-43 整篇文档的排版效果

实训 2 使用"邮件"选项卡中各功能组按钮实现邮件合并

实训内容

根据表 3-4 的数据，向表中人员发放参会通知函。合并效果如图 3-44 所示。

表 3-4 参会安排

姓名	性别	会议议题	会议地点	会议报到时间
张乾	男	垃圾分类现状及干预措施	宜城市名人酒店博雅厅	2020 年 10 月 21 日
刘平	男	废气排放若干问题讨论	宜城市名人酒店致远厅	2020 年 10 月 22 日
王慧	女	垃圾站标准执行情况及建站优化方案	宜城市名人酒店翠屏厅	2020 年 10 月 22 日

操作步骤

（1）创建主控文档，输入参会通知函模板。新建 WPS 文字空白文档，并输入参会通知函模版内容，如图 3-45 所示。单击"引用"→"邮件"，出现"邮件合并"选项卡，如图 3-46 所示。

图 3-44 合并效果

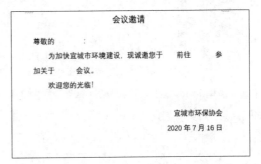

图 3-45 主控文档

图 3-46　"邮件合并"选项卡

（2）创建并指定数据源。

1）创建数据源。新建一文档，输入"参会安排表"数据，文档以"参会安排"为名，保存在"我的文档"文件夹下"我的数据源"文件夹中。

2）为主控文档指定数据源。在主控文档中执行"邮件合并"→"打开数据源"命令，在弹出的"选取数据源"对话框中选择"参会安排"，单击"打开"按钮，如图 3-47 所示。

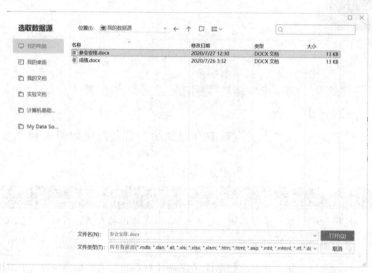

图 3-47　指定数据源

（3）在主控文档中插入合并域。将表中原值插入主控文档。将插入点定位在主控文档中需要插入数据源的位置，单击"插入合并域"按钮 插入合并域，在弹出的"插入域"对话框中选择需要的数据源名称。如将插入点定位在字符"尊敬的"后面，单击"插入合并域"按钮，选择"姓名"项，如图 3-48 所示。

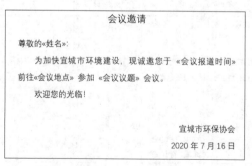

图 3-48　插入合并域

（4）预览结果。单击"查看合并数据"按钮，可以预览合并情况，如图 3-45 所示，需要时可以进行修改。也可以通过该组中的"记录浏览"按钮组 ◁ ◀ 1 ▶ ▷ 中的按钮浏览各记录。

（5）完成合并。在"邮件合并"选项卡中可以选择合并结果的去向，如图 3-49 所示。

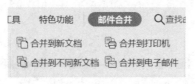

图 3-49 合并结果去向

三、思考与练习

1．邮件合并的思想是什么？

2．根据表 3-5 中的数据，使用邮件合并向导创建培训通知函，效果如图 3-50 所示。

表 3-5 高校教师培训安排表

姓名	培训内容	培训城市	培训开始日期	培训结束日期
翟海城	高校青年教师教学方法与教学艺术	乌鲁木齐	2022 年 7 月 10 日	2022 年 7 月 15 日
刘晓梅	高校青年教师教学方法与教学艺术	青岛	2022 年 8 月 15 日	2022 年 8 月 20 日
郑成	高校学生心理咨询师素养	长沙	2022 年 7 月 24 日	2022 年 7 月 30 日
王桂	高校学生心理咨询师	北京	2022 年 8 月 15 日	2022 年 8 月 20 日

翟海城 老师，您好！

教育部高等学校师资培训交流北京中心暑假期间举办的"高校青年教师教学方法与教学艺术"于 2022 年 7 月 10 日至 2022 年 7 月 15 日在乌鲁木齐开班，现将会议简章发给您，请您查收，收到请回复。谢谢！

祝工作顺利。

教育部高等学校师资培训交流北京中心

2022 年 6 月 19 日

图 3-50 培训邀请函

第四单元　WPS 表格应用

实验一　WPS 表格的基本操作

一、实验目的

（1）掌握 WPS 表格的启动与退出方法，熟悉 WPS 表格工作环境及窗口组成。

（2）掌握工作簿的建立、打开和保存操作。

（3）熟练掌握不同类型数据的输入方法，数据的编辑与修改。

（4）掌握单元格的插入、删除、选定、格式化等操作。

（5）熟练掌握工作表的插入、删除、重命名、复制等操作。

（6）掌握 WPS 表格页面设置的方法。

二、实验内容与步骤

实训 1　输入数据，建立 WPS 表格工作簿

实训内容

输入数据，建立如图 4-1 所示的工作簿，以"图书信息"为文件名保存在桌面。（说明：本单元所用图书信息数据纯属虚构，主要便于理解和操作。）

	A	B	C	D	E	F	G	H
1	书号	书名	作者	出版社	ISBN	出版时间	定价	数量
2	S001	办公软件操作	张利	光大出版社	999888777111	2018/12/1	49	10
3	S002	媒体技术导论	雷茂	科学出版社	999888777222	2019/3/1	34.5	40
4	S003	艺术原理	刘雪梅	交通出版社	999888777333	2019/2/12	29	3
5	S004	神奇的科学	陈欣	科学出版社	999888777444	2021/2/1	23.8	5
6	S005	材料学	石鹏	光大出版社	999888777555	2021/5/10	39	15
7	S006	数据设计与实现	杨杰	光大出版社	999888777666	2022/1/1	69	20

图 4-1　"图书信息"数据

操作步骤

（1）选择 WPS 应用程序窗口"首页"选项卡中的"新建"按钮，在出现的"新建"选项卡中选择"表格"按钮，单击"新建空白文档"按钮，即可新建一个名为"工作簿 1"的 WPS 表格文档。在工作窗口中，依次输入图 4-1 中的数据，注意各种类型数据的对齐方式。

（2）使用填充柄完成"书号"列数据输入。在 A2 单元格中输入"S001"，鼠标移到 A2 单元格右下角（变成黑十字状态），用填充柄拖动到 A7 单元格，此时 A3 至 A7 单元格中依次填充递增序列"S002、S003……S006"。

（3）输入"ISBN"列数据时，WPS 表格自动将其转化为文本类型。如若将数字转化为文本类型，也可以在数字数据前加上英文输入状态下的单引号，在 E2 单元格中输入

"'999888777111"，将其转化为数字文本类型。

或者将单元格的数据类型先修改为文本，选中 E2 到 E7 单元格，单击"开始"功能区中的"格式"按钮，从下拉列表中选择"单元格"命令（或在选定单元格后，右击选择"设置单元格格式"命令），打开"单元格格式"对话框，在"数字"选项卡中，将"分类"列表框选择为"文本"，如图 4-2 所示，单击"确定"按钮。然后在 E2 单元格中输入"999888777111"，按下 Enter 键，再依次输入 E3 到 E7 单元格的内容。

（4）输入"数量"列数据之前，先设置该单元格区域数据有效性，假设该区域的数据只能是 0 ~ 100 之间的整数。选定 H2 到 H7 单元格区域，在"数据"功能区中选择"有效性"命令按钮，打开"数据有效性"对话框，在对话框中选择"允许"下拉列表为"整数"，"数据"下拉列表为"介于"，"最小值"修改为"0"，"最大值"修改为"100"，如图 4-3 所示，单击"确定"按钮。然后依次输入 H2 到 H7 单元格数据。

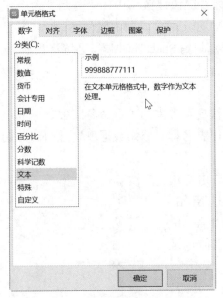
图 4-2 "单元格格式"对话框

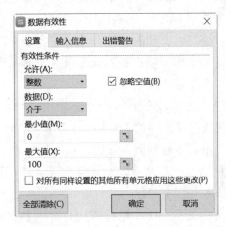
图 4-3 "数据有效性"对话框

（5）选择"文件"→"保存"命令，或单击快速访问工具栏上的"保存"按钮，打开"另存文件"对话框，将工作簿以"图书信息"为文件名保存在桌面，在"另存文件"对话框中的"文件类型"下拉列表框中默认选择"Microsoft Excel 文件（*.xlsx）"选项。

说明：保存文件时，"另存文件"对话框中的"文件类型"下拉列表框中默认选择"Microsoft Excel 文件（*.xlsx）"选项。若选择"WPS 表格文件（*.et）"选项，则可将文档保存为 WPS 表格的专属文件格式，其扩展名为 .et。

实训 2　工作表的编辑

实训内容

（1）将 Sheet1 工作表的数据复制到 Sheet2 中。

（2）将 Sheet1 工作表标签更改为"原始数据表"。

（3）在 Sheet2 工作表中，在"神奇的科学"记录之前插入一行空白行。

（4）在 Sheet2 中，将列标题字体修改为黑体，字号 14 磅，居中对齐。

实训 2 完成后的工作表效果如图 4-4 所示。

	A	B	C	D	E	F	G	H
1	书号	书名	作者	出版社	ISBN	出版时间	定价	数量
2	S001	办公软件操作	张利	光大出版社	999888777111	2018/12/1	49	10
3	S002	媒体技术导论	雷茂	科学出版社	999888777222	2019/3/1	34.5	40
4	S003	艺术原理	刘雪梅	交通出版社	999888777333	2019/2/12	29	3
5								
6	S004	神奇的科学	陈欣	科学出版社	999888777444	2021/2/1	23.8	5
7	S005	材料学	石鹏	光大出版社	999888777555	2021/5/10	39	15
8	S006	数据设计与实现	杨杰	光大出版社	999888777666	2022/1/1	69	20

图 4-4 工作表编辑效果图

操作步骤

（1）新建一个新的工作表 Sheet2（单击工作表标签最右边的"新建工作表"按钮+）。选中 Sheet1 工作表中 A1:H7 单元格区域，选择鼠标右键快捷菜单中的"复制"命令（或使用 Ctrl+C 组合键），然后选择 Sheet2 工作表，单击 A1 单元格，选择右键快捷菜单"粘贴"命令（或使用 Ctrl+V 组合键），将 Sheet1 工作表的数据复制到 Sheet2，并调整列宽将数据全部显示。

（2）对 Sheet1 工作表重命名，可以采用以下方法。

方法一：双击 Sheet1 工作表标签。

方法二：在 Sheet1 工作表标签上右击，选择快捷菜单中的"重命名"命令。

此时工作表标签变为蓝底白字，输入新的工作表名称"原始数据表"，按 Enter 键（或单击工作表任意位置）确定。

（3）在 Sheet2 工作表中选择第 5 行行号并右击，选择右键快捷菜单中的"插入…行数 1"命令（或单击"开始"功能区中的"行和列"按钮，从下拉列表中选择"插入单元格→插入行"命令，如图 4-5 所示），即可在当前记录之前插入一行空白行。

（4）在 Sheet2 中选择 A1:H1 单元格区域，在"开始"功能区的"字体"下拉列表框中选择"黑体"选项，在"字号"下拉列表框中选择"14"选项，选择"对齐方式"组里的"水平居中"按钮，完成列标题格式修改。

图 4-5 "插入行"命令

（5）保存文件。

实训 3 工作表的格式化

实训内容

（1）在 Sheet2 工作表中，插入一个标题行，将单元格 A1:H1 区域合并居中，加入标题"2022 年新购图书信息"，单元格内换行，输入"制表日期："，插入系统当前日期。其中，"2022 年新购图书信息"字体为黑体，字号 18 磅，"制表日期："字体为黑体，字号 14 磅。

（2）对单元格数据加双线外边框，单线内边框。

（3）对"定价"列标题单元格加一个批注：图书采购价格。

实训 3 完成后的效果如图 4-6 所示。

书号	书名	作者	出版社	ISBN	出版时间	定价	
				2022年新购图书信息			
				制表日期：2022/5/30			图书采购价格
S001	办公软件操作	张利	光大出版社	999888777111	2018/12/1	49	
S002	媒体技术导论	雷茂	科学出版社	999888777222	2019/3/1	34.5	
S003	艺术原理	刘雪梅	交通出版社	999888777333	2019/2/12	29	3
S004	神奇的科学	陈欣	科学出版社	999888777444	2021/2/1	23.8	5
S005	材料学	石鹏	光大出版社	999888777555	2021/5/10	39	15
S006	数据设计与实现	杨杰	光大出版社	999888777666	2022/1/1	69	20

图 4-6 工作表格式化效果图

操作步骤

（1）在 Sheet2 工作表中，在第 1 行前面插入一行空白行。选中单元格 A1:H1 区域，选择"开始"功能区，单击"合并居中"按钮下拉列表中的"合并居中"命令，此时多个单元格被合并为 A1 单元格，在合并的单元格中输入"2022 年新购图书信息"，按下 Alt+Enter 组合键（实现单元格内换行），输入"制表日期："，再按下"Ctrl+；"组合键（插入系统当前日期），通过空格占位自行调整"制表日期："文字的位置，按回车键完成标题文字的输入。将鼠标移到第 1 行行号边缘，当鼠标变成上下箭头时拖动鼠标调整第 1 行的行高，让标题文字能全部显示。选择标题行中相应文字，在"开始"功能区中的"字体""字号"下拉列表框中选择相应选项，自行完成标题字体格式的修改。

（2）选中单元格区域 A2:H9，右击后选择"设置单元格格式"命令，打开"单元格格式"对话框，在该对话框中，单击"边框"选项卡。在边框设置界面中，先选择"线条样式"为右列最后一个"双线"，然后单击"外边框"图标，再将"线条样式"选择为左列最后一个"单线"，然后单击"内部"图标，如图 4-7 所示，单击"确定"按钮。

图 4-7 "单元格格式"对话框的"边框"选项卡

（3）选中 G2 单元格并右击，选择快捷菜单"插入批注"命令（或选择"审阅"功能区中的"新建批注"命令），在出现的文本框里输入"图书采购价格"，单击空白处即可添加批注。

注意：若要对批注进行编辑、删除等操作，可选中插入了批注的单元格并右击，选择快捷菜单中的"编辑批注""删除批注""显示 / 隐藏批注"等命令进行相应操作。

（4）保存文件。

实训 4　条件格式

实训内容

在 Sheet2 工作表中，将定价在 35 元以上的单元格用"绿色、斜体"字体格式表示。

操作步骤

（1）在 Sheet2 工作表中，先删除数据中的空白行。

（2）拖动鼠标，选中单元格区域 G3:G8。

（3）选择"开始"功能区中的"条件格式"按钮，在展开的下拉列表中选择"突出显示单元格规则"→"大于"命令，如图 4-8 所示，打开"大于"对话框，该对话框中，在"为大于以下值的单元格设置格式"文本框中输入"35"，"设置为"下拉列表框中选择"自定义格式"，如图 4-9 所示，在出现的"单元格格式"对话框"字体"选项卡中，设置字形为"斜体"，颜色为"绿色"，最后单击"确定"按钮。

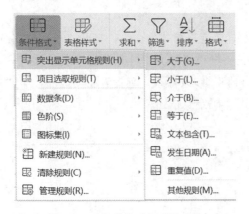

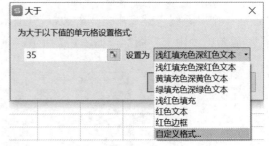

图 4-8　"条件格式"下拉列表　　　　　　　图 4-9　"大于"对话框

（4）保存文件。

注意：用户若要对某单元格区域清除应用的条件格式，可在"条件格式"下拉列表中选择"清除规则"命令，在下级列表中选择具体清除的对象即可。

请自行完成以下思考题的操作。

思考题 1：若题目要求将定价在 35 元以上的单元格用"浅红填充色深红色文本"格式表示，应该怎样操作？

提示：在图 4-9 所示的"大于"对话框中，将"设置为"下拉列表框中直接选择"浅红填充色深红色文本"，单击"确定"按钮即可。

思考题 2：若题目要求将定价在 25 ～ 35 元之间的单元格用"加粗，红色边框"格式表示，应怎样操作？

提示：在"条件格式"下拉列表中选择"突出显示单元格规则"→"介于"命令，在"介于"对话框中进行"范围""自定义格式"的设置。

思考题 3：如果将定价最高的 3 个单元格用"蓝色"文本格式表示，应怎样操作？

提示：在"条件格式"下拉列表中选择"项目选取规则"→"前 10 项"命令，在"前 10 项"对话框中进行"个数""自定义格式"的设置。

思考题 4：如果将定价用绿色数据条"实心填充"，应怎样操作？

提示：在"条件格式"下拉列表中选择"数据条"规则。

其他条件格式选项请自行验证（如色阶、图标集等）。

实训 5　页面设置

实训内容

（1）在"原始数据表"工作表中，将纸张大小设置为"A4"型。

（2）在"原始数据表"工作表中，添加页眉"WPS 表格"，居中显示；页脚格式为"第？页，共？页"，居中显示。

操作步骤

（1）在"原始数据表"工作表中选择"页面布局"功能区中的"纸张大小"按钮，在下拉列表中选择"A4"选项。

（2）单击"插入"功能区中的"页眉和页脚"按钮（或"页面布局"功能区中的"打印页眉和页脚"按钮），打开"页面设置"对话框，选择"页眉 / 页脚"选项卡，即可进行页眉页脚编辑。

（3）单击"自定义页眉"命令按钮，打开"页眉"对话框，在"中"文本框中手动输入"WPS 表格"，单击"确定"按钮，即可完成页眉的设置，如图 4-10 所示。

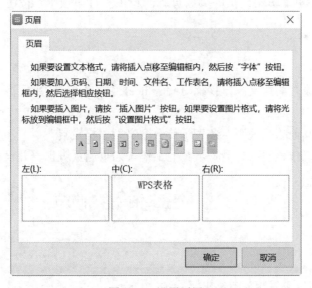

图 4-10　设置页眉

（4）单击"页面设置"对话框中的"页脚"按钮，在下拉列表中选择"第 1 页，共？页"选项，如图 4-11 所示，即可完成页脚的添加，最后单击"确定"按钮。

（5）保存文件。

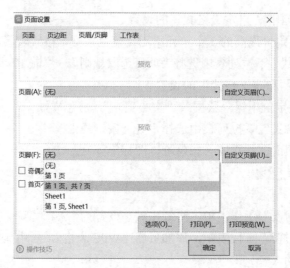

图 4-11　设置页脚

说明：单击"页眉"或"页脚"按钮下拉列表，可以看到系统已预定义好了一些页眉页脚选项，如"第 1 页"、"第 1 页，共？页"、文件标签名等信息，用户从中选择需要的信息选项，即可插入页眉或页脚的内容。

如果需要自行定义页眉 / 页脚内容，单击"自定义页眉"或"自定义页脚"命令按钮，打开"页眉"或"页脚"对话框，单击各元素按钮即可在页眉或页脚中插入页码、页数、作者名、当前日期、当前时间、文件路径、文件名等信息，如图 4-10 所示。

如果要设置首页或奇偶页页眉页脚不同，选择图 4-11 对话框中的"奇偶页不同"或"首页不同"复选框，即可编辑不同页的页眉页脚。单击"打印预览"按钮就可以看到页眉页脚的内容。

三、思考与练习

1．数据有效性设置的意义。自行练习：在 Sheet2 中，若在 H3 单元格输入"-2"或"102"，会出现什么结果？

2．条件格式有其他哪些规则？各表示什么含义？怎样设置？

3．设置了一个工作表的页眉页脚，其他工作表的页眉页脚也一并设置好了吗？

实验二　公式与函数的使用

一、实验目的

（1）掌握公式的组成、输入与编辑。

（2）熟练掌握运算符的使用。

（3）熟练掌握 SUM()、AVERAGE()、MAX()、IF() 等函数的使用。

（4）熟练掌握其他函数的使用。

（5）掌握单元格的引用方式。

二、实验内容与步骤

实训 1 SUM() 函数及公式的使用

SUM() 函数

语法：SUM(number1,number2,…)

功能：计算单元格区域中数据之和。

实训内容

（1）将"原始数据表"工作表中 A1 到 H7 单元格区域的数据复制到 Sheet3 工作表 A1 到 H7 单元格区域，并将 Sheet3 工作表标签更改为"函数应用"。

（2）在"函数应用"工作表中计算图书总数量。

（3）在"函数应用"工作表中计算每种图书的金额，并计算总金额。

实训 1 完成后的效果如图 4-12 所示。

	A	B	C	D	E	F	G	H	I
1	书号	书名	作者	出版社	ISBN	出版时间	定价	数量	金额
2	S001	办公软件操作	张利	光大出版社	999888777111	2018/12/1	49	10	490
3	S002	媒体技术导论	雷茂	科学出版社	999888777222	2019/3/1	34.5	40	1380
4	S003	艺术原理	刘雪梅	交通出版社	999888777333	2019/2/12	29	3	87
5	S004	神奇的科学	陈欣	科学出版社	999888777444	2021/2/1	23.8	5	119
6	S005	材料学	石鹏	光大出版社	999888777555	2021/5/10	39	15	585
7	S006	数据设计与实现	杨杰	光大出版社	999888777666	2022/1/1	69	20	1380
8						合计		93	4041

图 4-12 计算"图书总数量、金额"效果图

操作步骤

（1）打开工作簿"图书信息"，在工作表最末插入一个新工作表 Sheet3。将"原始数据表"工作表中 A1 到 H7 单元格区域的数据复制到 Sheet3 工作表 A1 到 H7 单元格区域，调整列宽，使数据完整显示，并将 Sheet3 工作表标签更改为"函数应用"。

（2）单击 F8 单元格，输入"合计"。计算图书总数量可以采用"求和"或插入 SUM() 函数的方法。

方法一：选定 H8 单元格，单击"开始"功能区中的"求和"按钮 Σ，此时单元格中出现公式"=SUM(H2:H7)"，H2 到 H7 单元格中的数据被虚线包围，如图 4-13 所示，按 Enter 键，图书总数量就计算好了。

SUM		× ✓ fx	=SUM(H2:H7)					
	A	B	C	D	E	F	G	H
1	书号	书名	作者	出版社	ISBN	出版时间	定价	数量
2	S001	办公软件操作	张利	光大出版社	999888777111	2018/12/1	49	10
3	S002	媒体技术导论	雷茂	科学出版社	999888777222	2019/3/1	34.5	40
4	S003	艺术原理	刘雪梅	交通出版社	999888777333	2019/2/12	29	3
5	S004	神奇的科学	陈欣	科学出版社	999888777444	2021/2/1	23.8	5
6	S005	材料学	石鹏	光大出版社	999888777555	2021/5/10	39	15
7	S006	数据设计与实现	杨杰	光大出版社	999888777666	2022/1/1	69	20
8						合计		=SUM(H2:H7)

图 4-13 利用"求和"计算图书总数量

方法二：选定 H8 单元格，单击编辑栏左侧"插入函数"按钮 fx，打开"插入函数"对话框，如图 4-14 所示。在"或选择类别"下拉列表框中选择"常用函数"选项，在"选择函数"列

表框中选择 SUM 函数，单击"确定"按钮，打开"函数参数"对话框，在该对话框中输入参数"H2:H7"，如图 4-15 所示，或单击文本框右侧 按钮选择单元格区域 H2:H7，然后单击 按钮返回"函数参数"对话框，最后单击"确定"按钮完成图书总数量的计算。

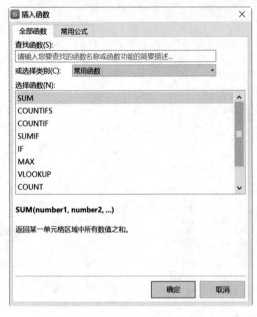
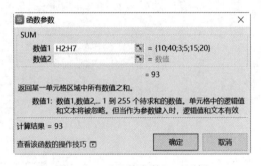

图 4-14 "插入函数"对话框　　　　　　图 4-15 "函数参数"对话框

提示：在验证另一种方法前，将前一种方法得到的 H8 单元格结果先清除。

（3）计算每种图书的金额，采用公式完成。单击 I1 单元格，输入"金额"，选定 I2 单元格，输入公式"=G2*H2"并按 Enter 键确定，完成第一个图书金额的计算，然后使用填充柄将公式复制到 I3 至 I7 单元格。

最后计算总金额，选定 I8 单元格，请自行完成总金额的计算（提示：可采用"求和"或 SUM() 函数或使用公式等多种方法）。

（4）保存文件。

实训 2　MAX()/MIN() 函数的使用

MAX()/ MIN() 函数

语法：MAX/ MIN(number1,number2,…)

功能：返回一组数据中的最大值 / 最小值。

实训内容

在"函数应用"工作表中计算最高的定价。

操作步骤

（略）

提示：单击 F9 单元格，输入"最高定价"，请思考并完成最高定价的计算（提示：使用 MAX() 函数，参数设置参考图 4-16），然后保存文件。

思考题：在"函数应用"工作表中，如何计算最低的定价？

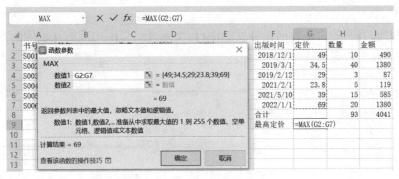

图 4-16　MAX() 函数及参数设置

实训 3　AVERAGE() 函数的使用

AVERAGE() 函数

语法：AVERAGE(number1,number2,…)

功能：计算各数据的算术平均值。

实训内容

在"函数应用"工作表中，计算定价的平均价格，并将结果保留两位小数。

实训 3 完成后的效果如图 4-17 所示。

	A	B	C	D	E	F	G	H	I
1	书号	书名	作者	出版社	ISBN	出版时间	定价	数量	金额
2	S001	办公软件操作	张利	光大出版社	999888777111	2018/12/1	49	10	490
3	S002	媒体技术导论	雷茂	科学出版社	999888777222	2019/3/1	34.5	40	1380
4	S003	艺术原理	刘雪梅	交通出版社	999888777333	2019/2/12	29	3	87
5	S004	神奇的科学	陈欣	科学出版社	999888777444	2021/2/1	23.8	5	119
6	S005	材料学	石鹏	光大出版社	999888777555	2021/5/10	39	15	585
7	S006	数据设计与实现	杨杰	光大出版社	999888777666	2022/1/1	69	20	1380
8						合计		93	4041
9						最高定价	69		
10						平均定价	40.72		

图 4-17　计算"平均定价"效果图

操作步骤

（略）

提示：在 F10 单元格中输入"平均定价"，选中 G10 单元格，自行完成平均定价的计算（使用 AVERAGE() 函数或"求和"按钮下拉列表中的"平均值"，自行设置参数）。

选中 G10 单元格，右击后选择"设置单元格格式"命令，打开"单元格格式"对话框，在"数字"选项卡中选择"分类"列表框为"数值"，小数位数为 2，如图 4-18 所示，单击"确定"按钮，然后保存文件。

实训 4　IF() 函数的使用

IF() 函数

语法：IF(logical_test,value_if_true,value_if_false)

功能：根据逻辑测试的真假值返回不同的结果。

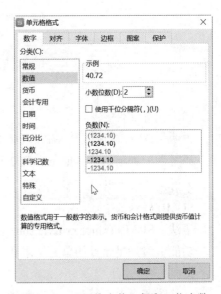

图 4-18　"平均定价"保留 2 位小数

实训内容

根据出版时间判断是否是新书，将在 2020 年 1 月 1 日以后出版的认定为新书。
实训 4 完成后的效果如图 4-19 所示。

	A	B	C	D	E	F	G	H	I	J
	J2			fx	=IF(F2>=DATE(2020,1,1),"新书","")					
1	书号	书名	作者	出版社	ISBN	出版时间	定价	数量	金额	是否新书
2	S001	办公软件操作	张利	光大出版社	999888777111	2018/12/1	49	10	490	
3	S002	媒体技术导论	雷茂	科学出版社	999888777222	2019/3/1	34.5	40	1380	
4	S003	艺术原理	刘雪梅	交通出版社	999888777333	2019/2/12	29	3	87	
5	S004	神奇的科学	陈欣	科学出版社	999888777444	2021/2/1	23.8	5	119	新书
6	S005	材料学	石鹏	光大出版社	999888777555	2021/5/10	39	15	585	新书
7	S006	数据设计与实现	杨杰	光大出版社	999888777666	2022/1/1	69	20	1380	新书
8						合计		93	4041	
9						最高定价	69			
10						平均定价	40.72			

图 4-19 判断"是否新书"后的效果图

操作步骤

（1）在 J1 单元格中输入"是否新书"。

（2）选择 J2 单元格，公式为"=IF(F2>=DATE(2020,1,1)," 新书 ","")"。

单击"插入函数"按钮 _fx_，在打开的"插入函数"对话框中选择 IF() 函数，弹出"函数参数"对话框，如图 4-20 所示进行参数设置，然后单击"确定"按钮。使用填充柄将公式复制到 J3 至 J7 单元格即可。

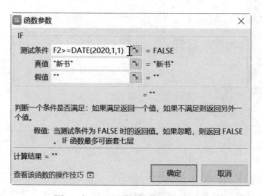

图 4-20 "函数参数"对话框

（3）保存文件。

说明：DATE() 函数是 WPS 表格中表示日期的函数，具体使用方法请用户自行查阅。

思考题：如何进行其他条件判断？

实训 5 SUMIF() 函数的使用

SUMIF() 函数

语法：SUMIF(range,criteria,sum_range)

功能：对满足条件的单元格求和。

实训内容

计算购买光大出版社的图书数量。

操作步骤

（1）选定 B13 单元格，输入"光大出版社图书数量"。

（2）选择 C13 单元格，公式为"=SUMIF(D2:D7," 光大出版社 ",H2:H7)"。

单击"插入函数"按钮，打开"插入函数"对话框，若"常用函数"列表框中没有 SUMIF() 函数，可在"查找函数"文本框中输入"SUMIF"，此时"选择函数"列表框中会显示匹配的函数，如图 4-21 所示。选择 SUMIF 函数，单击"确定"按钮，打开"函数参数"对话框，如图 4-22 所示进行参数设置，单击"确定"按钮即可完成计算。

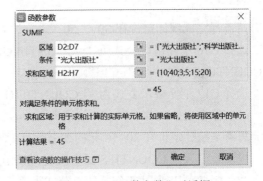

图 4-21　搜索 SUMIF() 函数　　　　　图 4-22　"函数参数"对话框

（3）保存文件。

思考题：如何计算其他出版社出版的图书数量？

实训 6　COUNTIF() 函数的使用

COUNTIF() 函数

语法：COUNTIF(range,criteria)

功能：计算区域中满足给定条件的单元格的数目。

实训内容

分别统计定价在 30 元以下、30 ～ 50（不含）元、50 元（含）以上的图书数目。

实训 6 完成后的效果如图 4-23 所示。

操作步骤

（1）分别在 B15~B17 单元格中输入"图书数：定价在 30 元以下""图书数：定价在 30~50 元""图书数：定价在 50 元以上"。

（2）统计定价在 30 元以下的图书数目。

选择 C15 单元格，公式为"=COUNTIF(G2:G7,"<30")"。

单击"插入函数"按钮，打开"插入函数"对话框，选择 COUNTIF() 函数（若没有该函数，使用"查找函数"完成），单击"确定"按钮，打开"函数参数"对话框，在该对话框中，"区域"参数输入"G2:G7"，"条件"参数输入""<30""，如图 4-24 所示，单击"确定"按钮

即可完成计算。

	A	B	C	D
1	书号	书名	作者	出版社
2	S001	办公软件操作	张利	光大出版社
3	S002	媒体技术导论	雷茂	科学出版社
4	S003	艺术原理	刘雪梅	交通出版社
5	S004	神奇的科学	陈欣	科学出版社
6	S005	材料学	石鹏	光大出版社
7	S006	数据设计与实现	杨杰	光大出版社
8				
9				
10				
11				
12				
13		光大出版社图书数量	45	
14				
15		图书数：定价在30元以下	2	
16		图书数：定价在30~50元	3	
17		图书数：定价在50元以上	1	

图 4-23　定价分段统计结果图

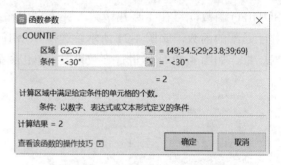

图 4-24　"函数参数"对话框

请自行完成统计定价在 30 ～ 50（不含）元和 50 元（含）以上的图书数目的操作。

选择 C16 单元格，公式为 "=COUNTIF(G2:G7,"<50")-COUNTIF(G2:G7,"<30")"（或公式 "=COUNTIF(G2:G7,"<50")-C15"）。

选择 C17 单元格，公式为 "=COUNTIF(G2:G7,">=50")"。

（3）保存文件。

思考：统计定价在 30~50 元的图书数目，还可以使用什么函数实现？

提示：可通过 COUNTIFS 函数实现，该函数可以计算多个区域中满足给定条件的单元格的个数，因此可以使用多个条件，公式为 "=COUNTIFS(G2:G7,">=30",G2:G7,"<50")"，具体语法用户可参考 WPS 函数在线操作视频介绍。

实训 7　相对地址和绝对地址的使用

实训内容

计算各分段定价所占比例。

实训 7 完成后的效果如图 4-25 所示。

	A	B	C	D
1	书号	书名	作者	出版社
2	S001	办公软件操作	张利	光大出版社
3	S002	媒体技术导论	雷茂	科学出版社
4	S003	艺术原理	刘雪梅	交通出版社
5	S004	神奇的科学	陈欣	科学出版社
6	S005	材料学	石鹏	光大出版社
7	S006	数据设计与实现	杨杰	光大出版社
8				
9				
10				
11				
12				
13		光大出版社图书数量	45	
14				比例（百分比）
15		图书数：定价在30元以下	2	33.33%
16		图书数：定价在30~50元	3	50.00%
17		图书数：定价在50元以上	1	16.67%
18		图书数目：	6	

图 4-25　计算"各分段定价所占比例"效果图

操作步骤

（1）在 B18 单元格中输入"图书数目："，在 C18 单元格中汇总图书记录数目（提示：公式为"=SUM(C15:C17)"）。

（2）在 D14 单元格中输入"比例（百分比）"，选择 D15 单元格，输入公式为"=C15/$C$18"，再使用填充柄将公式复制至 D17 单元格。

（3）选择 D15 到 D17 单元格，右击后选择"设置单元格格式"命令，打开"单元格格式"对话框，在"数字"选项卡中，选择"分类"列表框为"百分比"，小数位数为 2，如图 4-26 所示，单击"确定"按钮。

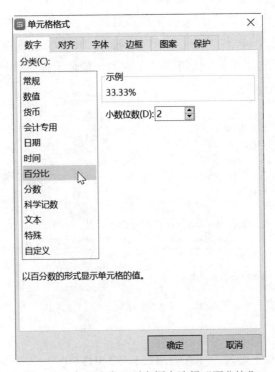

图 4-26　在"分类"列表框中选择"百分比"

（4）保存文件。

思考：D15 单元格的公式为"=C15/$C$18"，$C$18 是什么形式的单元格地址引用？如果将参数"$C$18"改为"C18"，正确吗？为什么？另外，在公式编辑界面选中单元格地址，再按下 F4 按键，可在三种引用方式之间切换。

实训 8　RANK() 函数的使用

RANK() 函数

语法：RANK(number,ref,order)

功能：返回某数据在一列数据中相对于其他数据的大小排名。

实训内容

按照数量从高到低的顺序对图书记录进行排名。

实训 8 完成后的效果如图 4-27 所示。

	A	B	C	D	E	F	G	H	I	J	K
1	书号	书名	作者	出版社	ISBN	出版时间	定价	数量	金额	是否新书	按数量排名
2	S001	办公软件操作	张利	光大出版社	999888777111	2018/12/1	49	10	490		4
3	S002	媒体技术导论	雷茂	科学出版社	999888777222	2019/3/1	34.5	40	1380		1
4	S003	艺术原理	刘雪梅	交通出版社	999888777333	2019/2/12	29	3	87		6
5	S004	神奇的科学	陈欣	科学出版社	999888777444	2021/2/1	23.8	5	119	新书	5
6	S005	材料学	石鹏	光大出版社	999888777555	2021/5/10	39	15	585	新书	3
7	S006	数据设计与实现	杨杰	光大出版社	999888777666	2022/1/1	69	20	1380	新书	2

图 4-27 "按数量排名"效果图

操作步骤

（1）选定 K1 单元格，输入"按数量排名"。

（2）选择 K2 单元格，公式为"=RANK(H2,$H$2:$H$7,0)"。

单击"插入函数"按钮，打开"插入函数"对话框，选择 RANK() 函数（若没有该函数，使用"查找函数"完成），单击"确定"按钮，打开"RANK 函数参数"对话框，如图 4-28 所示进行参数设置，单击"确定"按钮即可完成第一条记录排名计算。再使用填充柄将公式复制到 K3 至 K7 单元格即可。

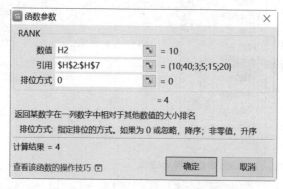

图 4-28 "RANK 函数参数"对话框

（3）保存文件。

思考：K2 单元格的公式为"=RANK(H2,$H$2:$H$7,0)"，如果将参数"$H$2:$H$7"改为相对引用"H2:H7"，正确吗？为什么？

【附】

常见 WPS 表格错误提示及问题解决方法

WPS 表格经常会显示一些错误值信息，如 #N/A!、#VALUE!、#DIV/O! 等。出现这些错误的原因有很多，最主要是由于公式不能计算正确结果。例如，在需要数字的公式中使用文本、删除了被公式引用的单元格，或者使用了宽度不足以显示结果的单元格。以下是几种 WPS 表格常见的错误及其解决方法。

1. #####!

原因：如果单元格所含的数字、日期或时间比单元格宽，或者单元格的日期时间公式产生了一个负值，就会产生 #####! 错误。

解决方法：如果单元格所含的数字、日期或时间比单元格宽，可以增加单元格的宽度。

如果使用的是 1900 年的日期系统，那么 WPS 表格中的日期和时间必须为正值，用较早的日期或者时间值减去较晚的日期或者时间值就会导致 #####! 错误。如果公式正确，也可以将单元格的格式改为非日期和时间型来显示该值。

2. #VALUE!

当使用错误的参数或运算对象类型时，或者当公式自动更正功能不能更正公式时，将产生错误值 #VALUE!。

原因一：在需要数字或逻辑值时输入了文本，WPS 表格不能将文本转换为正确的数据类型。

解决方法：确认公式或函数所需的运算符或参数正确，并且公式引用的单元格中包含有效的数值。例如：如果单元格 A1 包含一个数字，单元格 A2 包含文本"学籍"，则公式"=A1+A2"将返回错误值 #VALUE!。可以用 SUM 工作表函数将这两个值相加（SUM 函数忽略文本），即 =SUM(A1:A2)。

原因二：将单元格引用、公式或函数作为数组常量输入。

解决方法：确认数组常量不是单元格引用、公式或函数。

原因三：赋予需要单一数值的运算符或函数一个数值区域。

解决方法：将数值区域改为单一数值。修改数值区域，使其包含公式所在的数据行或列。

3. #DIV/O!

当公式被零除时，将会产生错误值 #DIV/O!。

原因一：在公式中，除数使用了指向空单元格或包含零值单元格的单元格引用（在 WPS 表格中如果运算对象是空白单元格，WPS 表格将此空值当作零值）。

解决方法：修改单元格引用，或者在用作除数的单元格中输入不为零的值。

原因二：输入的公式中包含明显的除数零，例如"=5/0"。

解决方法：将零改为非零值。

4. #NAME?

在公式中使用了 WPS 表格不能识别的文本时将产生错误值 #NAME?。

原因一：删除了公式中使用的名称，或者使用了不存在的名称。

解决方法：确认使用的名称确实存在。选择"公式"功能区中的"名称管理器"按钮，在打开的对话框中查看是否有该名称，如果所需名称没有被列出，请使用"新建"命令添加相应的名称。

原因二：名称拼写错误。

解决方法：修改拼写错误的名称。

原因三：在公式中输入文本时没有使用双引号。

解决方法：WPS 表格将其解释为名称，而不理会用户准备将其用作文本的想法，将公式中的文本括在双引号中。例如，下面的公式将一段文本"总计："和单元格 B50 中的数值合并在一起，即"=" 总计 : "&B50"。

5. #N/A

原因：当在函数或公式中没有可用数值时，将产生错误值 #N/A。

解决方法：如果工作表中某些单元格暂时没有数值，请在这些单元格中输入"#N/A"，公式在引用这些单元格时，将不进行数值计算，而是返回 #N/A。

6. #REF!

当单元格引用无效时将产生错误值 #REF!。

原因：删除了由其他公式引用的单元格，或将移动单元格粘贴到由其他公式引用的单元格中。

解决方法：更改公式或者在删除或粘贴单元格之后，立即单击"撤销"按钮，以恢复工作表中的单元格。

7. #NUM!

当公式或函数中某个数字有问题时将产生错误值 #NUM!。

原因一：在需要数字参数的函数中使用了不能接受的参数。

解决方法：确认函数中使用的参数类型正确无误。

原因二：使用了迭代计算的工作表函数，例如 IRR 或 RATE，并且函数不能产生有效的结果。

解决方法：为工作表函数使用不同的初始值。

原因三：由公式产生的数字太大或太小，WPS 表格不能表示。

解决方法：修改公式，使其结果在有效数字范围之间。

8. #NULL!

当试图为两个并不相交的区域指定交叉点时将产生错误值 #NULL!。

原因：使用了不正确的区域运算符或不正确的单元格引用。

解决方法：如果要引用两个不相交的区域，请使用联合运算符逗号 (,)。公式要对两个区域求和，请确认在引用这两个区域时使用逗号，如 SUM(A1:A13,D12:D23)。如果没有使用逗号，WPS 表格将试图对同时属于两个区域的单元格求和，但是由于 A1:A13 和 D12:D23 并不相交，它们没有共同的单元格，因此将产生错误值 #NULL!。

三、思考与练习

1. 实训 5 中，如何计算其他出版社出版的图书数量？
2. 绝对引用和相对引用分别表示什么含义？适用于什么情况？
3. 思考 COUNT() 函数、VLOOKUP() 函数的使用。

实验三 数据管理和分析

一、实验目的

（1）理解数据清单的概念。
（2）熟练掌握数据清单的创建。
（3）熟练掌握数据清单的排序。
（4）熟练掌握数据清单的自动筛选与高级筛选。
（5）熟练掌握分类汇总。

（6）掌握数据透视表的创建与修改。

二、实验内容与步骤

实训 1　数据的排序

实训内容

（1）打开工作簿"图书信息"，在最末插入一个新工作表，并将该工作表标签修改为"排序"。将"原始数据表"工作表中 A1 到 H7 单元格区域的数据先复制到"排序"工作表 A1 到 H7 单元格区域，再复制到 A13 到 H19 单元格区域。

（2）在"排序"工作表中，将 A1 到 H7 单元格区域的数据清单按照定价降序排序。

（3）在"排序"工作表中，将 A13 到 H19 单元格区域的数据清单先按出版社升序排序，若出版社相同再按数量降序排序。

实训 1 中，A1 到 H7 单元格区域的数据清单按照定价降序排序完成结果如图 4-29 所示；A13 到 H19 单元格区域的数据清单先按出版社升序排序，若出版社相同再按数量降序排序结果如图 4-30 所示。

	A	B	C	D	E	F	G	H
1	书号	书名	作者	出版社	ISBN	出版时间	定价	数量
2	S006	数据设计与实现	杨杰	光大出版社	999888777666	2022/1/1	69	20
3	S001	办公软件操作	张利	光大出版社	999888777111	2018/12/1	49	10
4	S005	材料学	石鹏	光大出版社	999888777555	2021/5/10	39	15
5	S002	媒体技术导论	雷茂	科学出版社	999888777222	2019/3/1	34.5	40
6	S003	艺术原理	刘雪梅	交通出版社	999888777333	2019/2/12	29	3
7	S004	神奇的科学	陈欣	科学出版社	999888777444	2021/2/1	23.8	5

图 4-29　数据清单按"定价"降序排序结果图

	A	B	C	D	E	F	G	H
13	书号	书名	作者	出版社	ISBN	出版时间	定价	数量
14	S006	数据设计与实现	杨杰	光大出版社	999888777666	2022/1/1	69	20
15	S005	材料学	石鹏	光大出版社	999888777555	2021/5/10	39	15
16	S001	办公软件操作	张利	光大出版社	999888777111	2018/12/1	49	10
17	S003	艺术原理	刘雪梅	交通出版社	999888777333	2019/2/12	29	3
18	S002	媒体技术导论	雷茂	科学出版社	999888777222	2019/3/1	34.5	40
19	S004	神奇的科学	陈欣	科学出版社	999888777444	2021/2/1	23.8	5

图 4-30　数据清单先按"出版社"升序，再按"数量"降序排序结果图

操作步骤

（1）打开工作簿"图书信息"，在工作表最末插入一个新工作表"排序"。然后将"原始数据表"工作表中 A1 到 H7 单元格区域的数据复制到"排序"工作表 A1 到 H7 单元格区域和 A13 到 H19 单元格区域，并调整列宽将数据全部显示。

（2）在"排序"工作表中，单击 G2:G7 区域中任一个单元格，选择"开始"功能区中的"排序"按钮，在展开的下拉列表中选择"降序"命令，如图 4-31 所示，即可将 A1 到 H7 单元格区域数据清单按定价由高到低排序。

该操作还可用以下方法完成：单击 G2:G7 区域中任一

图 4-31　"排序"下拉列表

个单元格，选择"数据"功能区中的"降序"按钮 ，如图 4-32 所示，也可实现将 A1 到 H7 单元格区域数据清单按定价降序排序。

图 4-32　"数据"功能区"降序"按钮

（3）在"排序"工作表中，单击 A13:H19 区域中任一个单元格，在图 4-31 所示的"排序"下拉列表中选择"自定义排序"命令（或单击图 4-32 中的"排序"按钮 ），打开"排序"对话框。刚打开该对话框时，"列"选项中只有一项排序依据（"主要关键字"），单击一次"添加条件"按钮，添加一个排序的"次要关键字"。在"主要关键字"下拉列表框中选择"出版社"，"排序依据"选择"数值"，"次序"选择"升序"；在"次要关键字"下拉列表框中选择"数量"，"排序依据"选择"数值"，"次序"选择"降序"，如图 4-33 所示，最后单击"确定"按钮，即可将 A13 到 H19 单元格区域数据清单，先按"出版社"升序排序，再按"数量"降序排序。

图 4-33　"排序"对话框

思考：对于文本类型数据，WPS 表格默认按什么方式进行排序？能否修改排序方式？怎么修改？（提示：默认为拼音方式，可通过排序"选项"进行修改。）

说明：若用户还需按更多字段进行排序，可多次单击"添加条件"按钮添加多个次要关键字，再设置次要关键字、排序依据及次序。单击"选项"按钮，可打开"排序选项"对话框，对排序方向、方式、是否区分大小写等进行设置。

（4）保存文件。

实训 2　数据的筛选

实训内容

（1）在工作簿"图书信息"最末插入一个新工作表"筛选"，将"原始数据表"工作表中 A1 到 H7 单元格区域的数据复制到"筛选"工作表 A1 到 H7 单元格区域。

（2）在"筛选"工作表中，筛选出科学出版社出版的定价在 30 元（含）以上的图书记录。

实训 2 完成后的结果如图 4-34 所示。

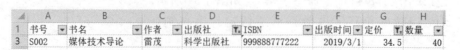

	A	B	C	D	E	F	G	H
1	书号	书名	作者	出版社	ISBN	出版时间	定价	数量
3	S002	媒体技术导论	雷茂	科学出版社	999888777222	2019/3/1	34.5	40

图 4-34　筛选结果图

操作步骤

（1）自行完成插入一个新工作表"筛选"并复制数据的操作，调整列宽。

（2）在"筛选"工作表中，单击 A1:H7 区域任一个单元格，选择"数据"功能区中的"自动筛选"按钮 ▽ （或选择"开始"→"筛选"→"筛选"命令），此时数据清单第一行每个字段名右侧会出现一个向下的筛选箭头 ▾。单击"出版社"字段旁的筛选箭头 ▾，在弹出的"内容筛选"名称列表中选中"科学出版社"复选框，如图 4-35 所示，单击"确定"按钮，此时所有科学出版社出版的图书记录会筛选出来（或选择"科学出版社"选项右边的"仅筛选此项"命令）。再单击"定价"字段旁的筛选箭头 ▾，在弹出的界面中选择"数字筛选"，选择其中的"大于或等于"命令，如图 4-36 所示，打开"自定义自动筛选方式"对话框，在"大于或等于"右边的文本框中输入"30"，如图 4-37 所示，最后单击"确定"按钮。这样，经过两次筛选，科学工业出版社出版的定价在 30 元（含）以上的图书记录就被筛选出来了。

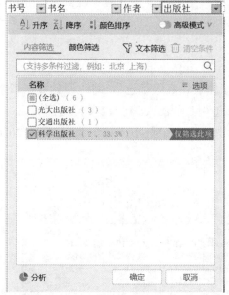

图 4-35 "出版社"字段"内容筛选"列表

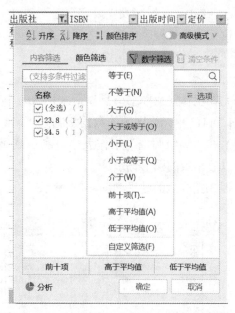

图 4-36 "定价"字段"数字筛选"列表

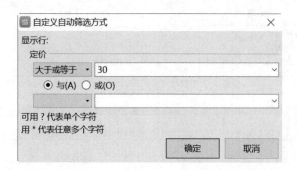

图 4-37 "自定义自动筛选方式"对话框

（3）保存文件（保持在筛选状态）。

说明：在“自定义自动筛选方式”对话框中可以设置一到两个条件，如果两个条件必须同时满足，则选单选按钮“与”；如果两个条件只要满足其中之一，则选单选按钮“或”。

要取消某个字段筛选，只需单击图 4-36 中的“清空条件”按钮即可。若要退出筛选状态，显示所有记录，只需再次单击“自动筛选”按钮，则筛选箭头消失，显示所有数据。

请自行完成以下思考题的操作。

思考题 1：筛选出数量在 10 ～ 30 之间的图书记录。

提示：在“数量”字段的“数字筛选”列表中选择“介于”命令。

思考题 2：筛选出光大出版社或交通出版社的图书记录。

提示：在图 4-35 中的“出版社”字段“内容筛选”列表中，选中“光大出版社”复选框和“交通出版社”复选框。

思考题 3：筛选出购买数量在 10 本（含）以下且出版时间在 2020 年 1 月 1 日以后的图书记录。

提示：在“数量”字段“数字筛选”列表中选择“小于或等于”命令，再选择“出版时间”字段“日期筛选”列表中的“之后”命令，进行相应设置。

实训 3 数据的高级筛选

实训内容

（1）在工作簿“图书信息”最末插入一个新工作表“高级筛选”，将“原始数据表”工作表中 A1 到 H7 单元格区域的数据复制到“高级筛选”工作表 A1 到 H7 单元格区域。

（2）在“高级筛选”工作表中，利用高级筛选，选出定价小于等于 30 元或者 2020 年 1 月 1 日以后出版的图书记录。

实训 3 完成后的结果如图 4-38 所示。

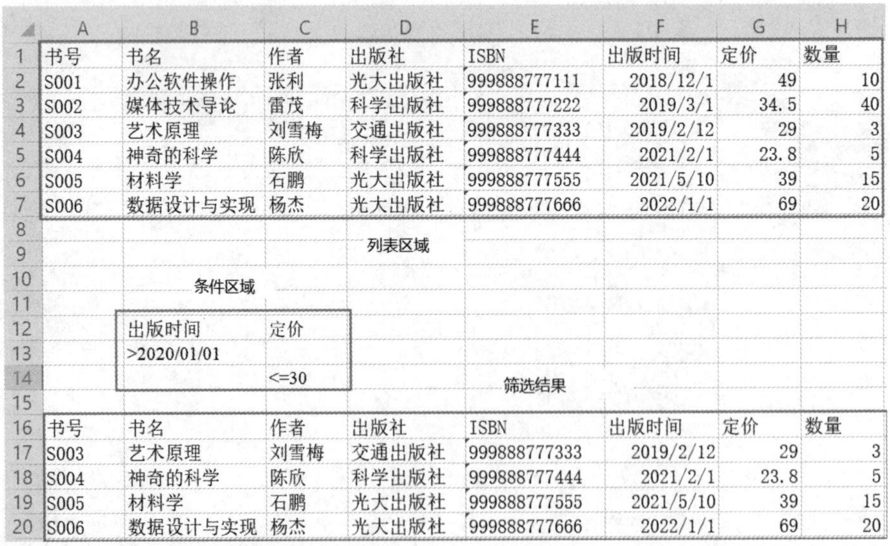

	A	B	C	D	E	F	G	H
1	书号	书名	作者	出版社	ISBN	出版时间	定价	数量
2	S001	办公软件操作	张利	光大出版社	999888777111	2018/12/1	49	10
3	S002	媒体技术导论	雷茂	科学出版社	999888777222	2019/3/1	34.5	40
4	S003	艺术原理	刘雪梅	交通出版社	999888777333	2019/2/12	29	3
5	S004	神奇的科学	陈欣	科学出版社	999888777444	2021/2/1	23.8	5
6	S005	材料学	石鹏	光大出版社	999888777555	2021/5/10	39	15
7	S006	数据设计与实现	杨杰	光大出版社	999888777666	2022/1/1	69	20
8								
9								
10								
11								
12		出版时间	定价					
13		>2020/01/01						
14			<=30					
15								
16	书号	书名	作者	出版社	ISBN	出版时间	定价	数量
17	S003	艺术原理	刘雪梅	交通出版社	999888777333	2019/2/12	29	3
18	S004	神奇的科学	陈欣	科学出版社	999888777444	2021/2/1	23.8	5
19	S005	材料学	石鹏	光大出版社	999888777555	2021/5/10	39	15
20	S006	数据设计与实现	杨杰	光大出版社	999888777666	2022/1/1	69	20

图 4-38　高级筛选条件区域设置及筛选结果

操作步骤

（1）自行完成插入一个新工作表“高级筛选”并复制数据的操作，调整列宽。

（2）在"高级筛选"工作表中建立条件区域。在B12单元格中输入"出版时间"，在C12单元格中输入"定价"，在B13单元格中输入">2020/01/01"，在C14单元格中输入"<=30"，如图4-38中"条件区域"所示。

说明：条件区域的第一行输入待筛选数据的列标题（必须和数据清单中列标题一致，要筛选多个字段，就输入多个列标题）。条件区域的第二行开始输入条件，条件在同一行，表示"与"关系，条件在不同行，表示"或"关系。本实训中分别在第13行和第14行输入条件，则二者的关系为"或"关系。

（3）单击A1:H7区域中任一个单元格，选择"开始"功能区中的"筛选"按钮，单击其下拉列表中的"高级筛选"命令，如图4-39所示，弹出"高级筛选"对话框。

（4）在"高级筛选"对话框中，"列表区域"是A1:H7单元格区域，"条件区域"是B12:C14单元格区域，将"方式"选择为"将筛选结果复制到其它位置"，"复制到"选项从灰色变成黑色，将"复制到"设置为"A16"单元格（筛选出的结果会自动扩展），如图4-40所示，最后单击"确定"按钮，此时符合条件的记录会筛选出来，放置在A16单元格开始的区域，如图4-38所示。

图4-39 "筛选"→"高级筛选"列表 　　　　图4-40 "高级筛选"对话框

强调：若筛选结果区域没有出现记录（实际应该有记录）或记录不正确，一般是因为条件区域没有设置正确，请再仔细检查条件区域，注意条件区域的列标题和数据区域的列标题一致，条件中的符号应为英文标点，并检查条件设置是否有误。

（5）保存文件。

注意：实训3使用高级筛选完成条件相"或"的筛选，高级筛选也可以完成条件相"与"的筛选，不同的是条件区域的设置。在条件区域的编辑过程中，如果条件是"与"关系，也就是必须同时满足所有条件时，应将各个条件放置在同一行中；如果条件是"或"关系，也就是只要满足其中一个条件，则将各个条件放置在不同的行中。

请自行完成以下思考题的操作。

思考题1：使用高级筛选选出实训2所要求的记录，注意条件区域的设置。

思考题2：利用高级筛选，选出光大出版社或交通出版社的图书记录。

思考题3：利用高级筛选，筛选出购买数量在30本（含）以上或定价在50元（不含）以上的图书记录。

实训 4　分类汇总

实训内容

（1）在工作簿"图书信息"最末插入一个新工作表"分类汇总"，将"原始数据表"工作表中 A1 到 H7 单元格区域的数据复制到"分类汇总"工作表 A1 到 H7 单元格区域。

（2）对"分类汇总"工作表中的数据进行分类汇总，汇总各出版社的图书数目。

实训 4 完成后的结果如图 4-41 所示。

1 2 3		A	B	C	D	E	F	G	H
	1	书号	书名	作者	出版社	ISBN	出版时间	定价	数量
	2	S001	办公软件操作	张利	光大出版社	999888777111	2018/12/1	49	10
	3	S005	材料学	石鹏	光大出版社	999888777555	2021/5/10	39	15
	4	S006	数据设计与实现	杨杰	光大出版社	999888777666	2022/1/1	69	20
	5	3			光大出版社 计数				
	6	S003	艺术原理	刘雪梅	交通出版社	999888777333	2019/2/12	29	3
	7	1			交通出版社 计数				
	8	S002	媒体技术导论	雷茂	科学出版社	999888777222	2019/3/1	34.5	40
	9	S004	神奇的科学	陈欣	科学出版社	999888777444	2021/2/1	23.8	5
	10	2			科学出版社 计数				
	11	6			总计数				

图 4-41　分类汇总结果图

分析：分类字段为"出版社"，先将数据清单按分类字段"出版社"排序，再执行分类汇总，其中，汇总项是"书号"，汇总方式是"计数"。

操作步骤

（1）自行完成插入一个新工作表"分类汇总"并复制数据的操作，调整列宽。

（2）将"分类汇总"工作表中的数据清单按照"出版社"升序排序，此时出版社相同的记录排列在一起（数据清单排序操作请参考"实训 1　数据的排序"）。

（3）单击"数据"功能区中的"分类汇总"按钮，弹出"分类汇总"对话框，选择"分类字段"为"出版社"，"汇总方式"为"计数"，"选定汇总项"为"书号"，如图 4-42 所示。最后单击"确定"按钮，完成分类汇总。

图 4-42　"分类汇总"对话框

（4）保存文件。

思考：分类汇总前，为什么要先按照分类字段进行排序？如果没有排序，直接进行分类汇总，会是什么结果？

实训 5　数据透视表

实训内容

在"原始数据表"工作表中的"ISBN"列之前插入一列，列标题为"订购专业"，具体数据如图 4-44 所示。使用修改后的"原始数据表"工作表中的数据建立数据透视表，统计各个专业订购不同出版社图书的数目。

实训 5 完成后的结果如图 4-43 所示。

图 4-43　数据透视表结果

操作步骤

（1）自行在"ISBN"列之前插入一列"订购专业"，并输入该列数据，如图 4-44 所示。

	A	B	C	D	E	F	G	H	I
1	书号	书名	作者	出版社	订购专业	ISBN	出版时间	定价	数量
2	S001	办公软件操作	张利	光大出版社	计算机学院	999888777111	2018/12/1	49	10
3	S002	媒体技术导论	雷茂	科学出版社	美术学院	999888777222	2019/3/1	34.5	40
4	S003	艺术原理	刘雪梅	交通出版社	美术学院	999888777333	2019/2/12	29	3
5	S004	神奇的科学	陈欣	科学出版社	计算机学院	999888777444	2021/2/1	23.8	5
6	S005	材料学	石鹏	光大出版社	生工学院	999888777555	2021/5/10	39	15
7	S006	数据设计与实现	杨杰	光大出版社	计算机学院	999888777666	2022/1/1	69	20

图 4-44　新增"订购专业"列数据

（2）单击数据清单中的任一单元格，再选择"插入"功能区中的"数据透视表"按钮，打开"创建数据透视表"对话框。

在"创建数据透视表"对话框中的"请选择要分析的数据"选项，选择"请选择单元格区域"单选按钮，设置"表/区域"数据源为"原始数据表!$A$1:$I$7"区域；在"请选择放置数据透视表的位置"选项，选择"新工作表"单选按钮（若选择"现有工作表"单选按钮后指定位置，则数据透视表将放置在当前工作表中指定的位置），如图 4-45 所示，单击"确定"按钮，这时，在"原始数据表"工作表之前会产生一个新工作表。

（3）选择新工作表，将其标签修改为"数据透视表"，在其中创建数据透视表，右侧显示"数据透视表"对话框，拖动"出版社"字段到"行"文本框中，拖动"订购专业"到"列"文本框中，拖动"书号"到"值"文本框中，如图 4-46 所示，统计各个专业订购不同出版社图书数目的数据透视表就建立好了。

（4）保存文件。

 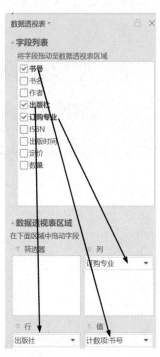

图 4-45　"创建数据透视表"对话框　　图 4-46　"数据透视表字段列表"对话框

三、思考与练习

1．分类汇总时应注意什么？

2．简述高级筛选中设置条件区域时，"与"和"或"的区别和需要注意的事项。

3．数据透视表有什么作用？

实验四　图表的制作与编辑

一、实验目的

（1）熟练掌握 WPS 表格图表的创建。

（2）熟悉 WPS 表格图表的组成要素。

（3）熟练掌握 WPS 表格图表的编辑。

二、实验内容与步骤

实训 1 制作嵌入式图表

实训内容

打开工作簿"图书信息",在最末插入一个新工作表"图表",输入如图 4-47 所示数据,利用"现阶段目标"和"人数"两列数据,建立一个饼图,将其作为对象插入到当前工作表中。

实训 1 完成后的效果如图 4-47 所示。

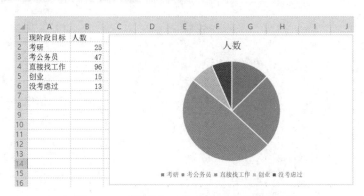

图 4-47 "图表"工作表数据及饼图效果图

操作步骤

(1)自行在工作表最后插入一张新工作表"图表",并输入如图 4-47 所示的数据。

(2)选中 A1:B6 单元格区域,选择"插入"功能区中的"全部图表"按钮,打开"插入图表"对话框,在该对话框中的左边列表选择"饼图"类别,右边的子图表列表中选择"饼图"(第一行第一列),如图 4-48 所示,即可在当前工作表中生成一个饼图。最后保存文件。

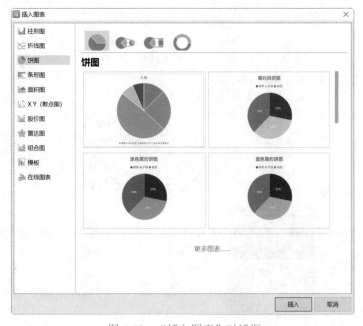

图 4-48 "插入图表"对话框

实训 2　图表的编辑

实训内容

（1）将图 4-47 所示的图表标题修改为"现阶段目标比例图"。

（2）图表应用"样式 10"，并显示数据标签的"类别名称"。

实训 2 完成后的效果如图 4-49 所示。

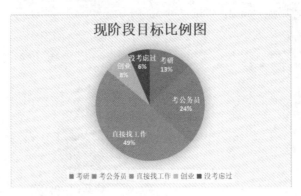

图 4-49　修改后的图表效果

操作步骤

（1）单击图 4-47 所示的图表标题（图表中"人数"文本框），修改标题为"现阶段目标比例图"。

（2）选择"图表工具"→"图表样式"中的"样式 10"，如图 4-50 所示，然后选择"图表工具"→"添加元素"按钮下拉列表中的"数据标签"→"更多选项"，如图 4-51 所示，打开"（数据标签）属性"对话框，在"标签选项"选项卡中勾选"类别名称"复选框即可，如图 4-52 所示。

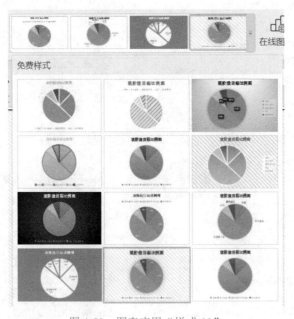

图 4-50　图表应用"样式 10"

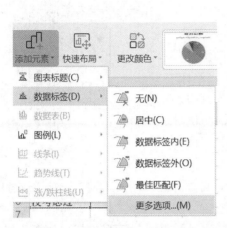

图 4-51 图表"添加元素"列表　　　　图 4-52 勾选"类别名称"复选框

（3）保存文件。

实训 3　制作独立图表

实训内容

根据"图表"工作表中"现阶段目标"和"人数"两列数据，建立一个"带数据标记的雷达图"，作为一个独立图表 Chart1 保存到当前工作簿中。

实训 3 完成效果如图 4-53 所示。

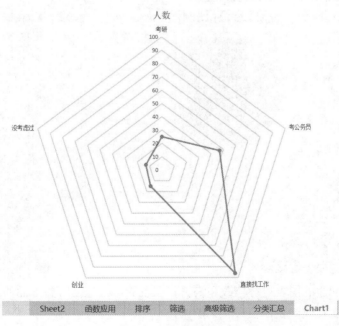

图 4-53　雷达图效果

操作步骤

（略）

请自行完成该实训。

提示：图表类别应选择"雷达图"→"带数据标记的雷达图"。默认在当前工作表中生成一个嵌入式图表，要将图表修改为独立图表，可选中雷达图后右击，选择快捷菜单中的"移动图表"命令，在弹出的"移动图表"对话框中选择"新工作表"选项，如图 4-54 所示，这样雷达图将作为一个独立图表 Chart1 保存到当前工作簿中。

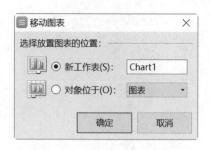

图 4-54　"移动图表"对话框

说明：图表由图表区、绘图区、图表标题、图例、数据系列、水平（类别）轴、垂直（值）轴、垂直（值）轴主要网格线等元素构成。

创建好的图表如果要进一步进行修改和编辑，可以通过"图表工具"工具栏或者图表编辑列表按钮进行。单击图表对象，功能区选项卡会显示出"图表工具"工具栏，其中包含多个编辑按钮，如图 4-55 所示，同时，图表旁边会显示图表编辑列表按钮，如图 4-56 所示。读者可以尝试使用不同按钮对图表进行编辑修改。

图 4-55　"图表工具"工具栏

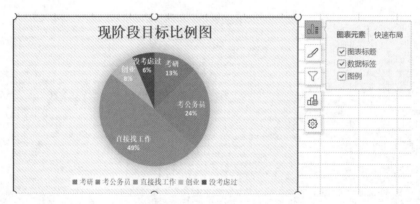

图 4-56　图表编辑列表按钮

三、思考与练习

1. 图表的构成元素有哪些？
2. 如何对已创建的图表进行修改和编辑？图表的修改包括哪些方面的内容？
3. 如果要建立其他图表，应该怎么操作？
4. 比较各种图表在应用上的区别。

第五单元　WPS 演示文稿应用

　　"坚持人与自然和谐共生"是新时代坚持和发展中国特色社会主义的基本方略之一，建设生态文明是中华民族永续发展的千年大计。我们应坚持节约资源、保护环境，坚持绿色发展方式，坚定生态文明，从而创造良好的生产生活环境，建设美丽中国。风景名胜蜀南竹海，深刻诠释了人与自然和谐发展的理念。本单元 WPS 演示文稿的应用实验，就以创建"蜀南竹海"宣传片为主要内容，让人们在感受祖国壮丽风光的同时更坚定保护环境的决心。

实验一　演示文稿的创建

一、实验目的

（1）掌握演示文稿的新建与保存。
（2）掌握 WPS 演示文稿的专用扩展名、兼容扩展名的使用，了解对应文件图标的区别。
（3）掌握文本框、图片、艺术字、形状、智能图形等对象的插入与编辑。
（4）掌握幻灯片版式的选择、占位符的使用。
（5）掌握幻灯片的插入、移动、复制、删除基本操作方法。
（6）熟悉 WPS 演示文稿的各种视图方式。

二、实验内容与步骤

实训 1　新建演示文稿
实训内容
通过样本模板或"空白演示文稿"创建蜀南竹海宣传片。
操作步骤
素材准备：从网上下载七张蜀南竹海风景图片，一张蜀南竹海特色饮食"全竹宴"图片。
　　启动 WPS 演示文稿将自动创建一个名为"演示文稿 1"的空白演示文稿；若 WPS 演示文稿已启动，依次单击"文件"→"新建"→"新建空白文档"即可；若用模板创建，依次单击"文件"→"新建"，选择一模板即可。依次制作演示文稿中的各张幻灯片，如图 5-1 所示。
　　（1）制作标题幻灯片，如图 5-2 所示。
　　1）在占位符中输入文字。在标题占位符中单击，输入文字"风景名胜蜀南竹海"。
　　在副标题占位符中单击，输入两段文字："所属地：中国四川"和"级别：国家 AAAA 级旅游景区"。设置两段文字"左对齐"。
　　2）插入图片。单击"插入"→"图片"→"本地图片"按钮，打开"插入图片"对话框，在该对话框中选择一张蜀南竹海风景图，单击"打开"按钮。

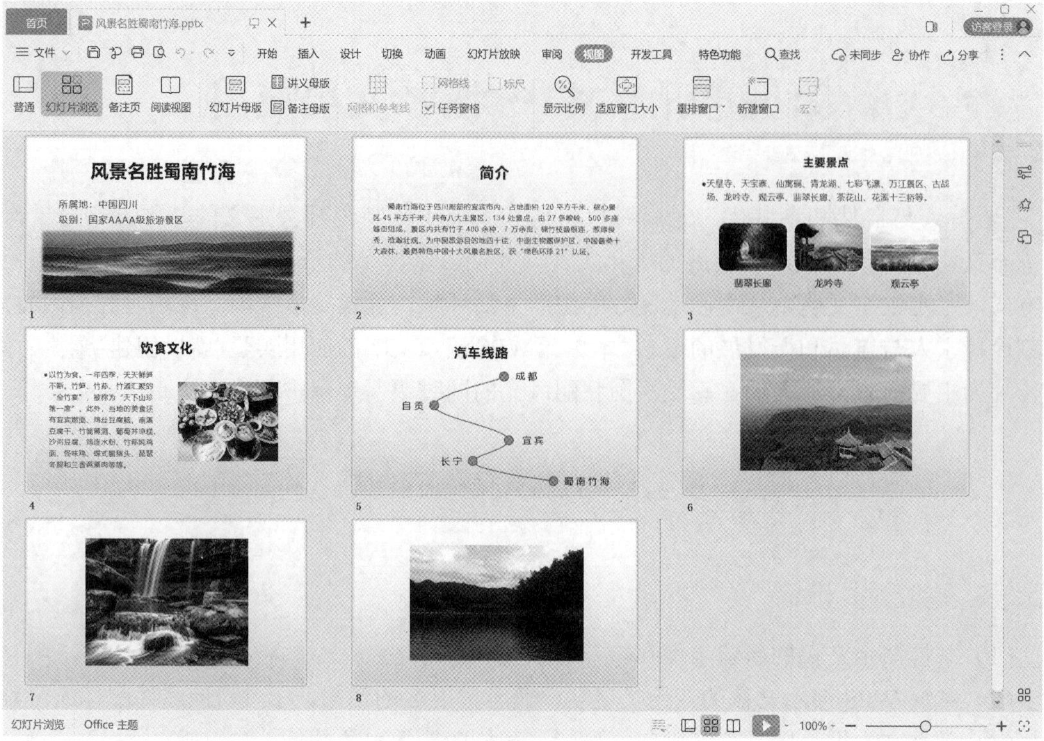

图 5-1　新建演示文稿

a．裁剪图片。单击"图片工具"中的"裁剪"按钮，图片周围将出现 8 段很粗的黑色控制条，拖动这些控制条可裁剪图片，将图片裁剪成一个矩形条。

b．设置图片柔化效果。选中图片，单击"图片工具"选项卡中的"图片效果"按钮，在如图 5-3 所示的右侧窗格"对象属性"对话框中选择"柔化边缘"选项，并设置柔化边缘的"大小"为 10 磅。

c．选中图片，适当调整图片大小。

图 5-2　第 1 张幻灯片

图 5-3　设置"对象属性"

3）调整各对象的位置。在标题占位符中单击，然后拖动占位符外部的虚线框，可调整标题占位符的位置；同理，可调整副标题占位符的位置；拖动图片至幻灯片底部。

（2）制作标题内容幻灯片，即第 2 张幻灯片，如图 5-4 所示。

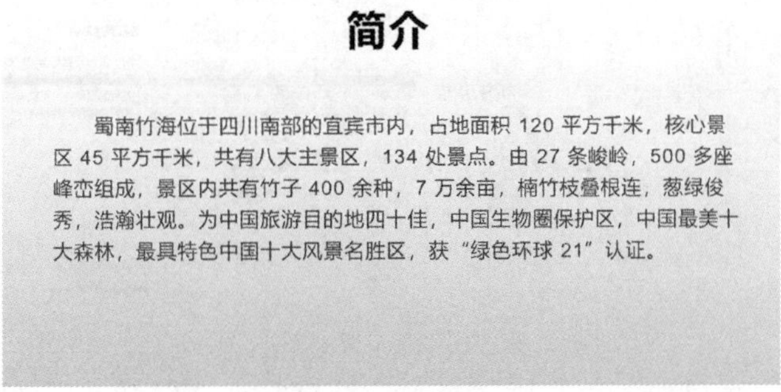

简介

蜀南竹海位于四川南部的宜宾市内，占地面积 120 平方千米，核心景区 45 平方千米，共有八大主景区，134 处景点。由 27 条峻岭，500 多座峰峦组成，景区内共有竹子 400 余种，7 万余亩，楠竹枝叠根连，葱绿俊秀，浩瀚壮观。为中国旅游目的地四十佳，中国生物圈保护区，中国最美十大森林，最具特色中国十大风景名胜区，获 "绿色环球 21" 认证。

图 5-4　标题内容幻灯片

1）插入新幻灯片。在左侧的 "幻灯片 / 大纲浏览窗格" 中，单击选中第 1 张幻灯片，按下 + 键 "新建幻灯片"（或 Ctrl+M 组合键），即在选中幻灯片的后面插入一张新幻灯片。

2）在占位符中输入文字。在标题占位符中输入 "简介"。在内容占位符中输入："蜀南竹海位于四川南部的宜宾市内，占地面积 120 平方千米，核心景区 45 平方千米，共有八大主景区，134 处景点。由 27 条峻岭，500 多座峰峦组成，景区内共有竹子 400 余种，7 万余亩，楠竹枝叠根连，葱绿俊秀，浩瀚壮观。为中国旅游目的地四十佳，中国生物圈保护区，中国最美十大森林，最具特色中国十大风景名胜区，获 '绿色环球 21' 认证。"

（3）制作智能图形幻灯片，即第 3 张幻灯片，如图 5-5 所示。

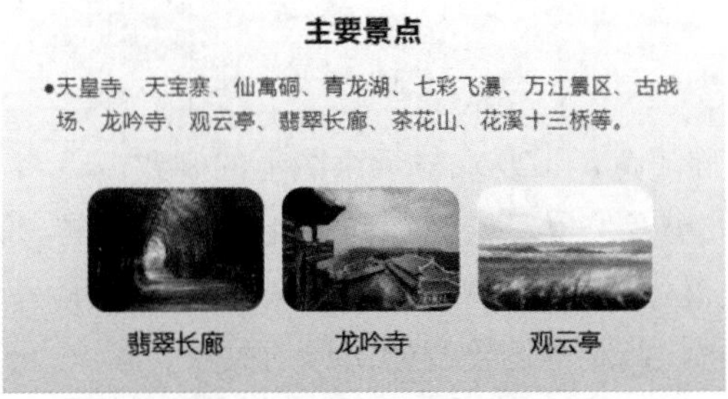

主要景点

● 天皇寺、天宝寨、仙寓硐、青龙湖、七彩飞瀑、万江景区、古战场、龙吟寺、观云亭、翡翠长廊、茶花山、花溪十三桥等。

翡翠长廊　　　　龙吟寺　　　　观云亭

图 5-5　智能图形幻灯片

1）插入新幻灯片。在 "幻灯片 / 大纲浏览窗格" 中，单击选中第 2 张幻灯片，按下 + 键 "新建幻灯片"（或 Ctrl+M 组合键），即在选中幻灯片的后面插入一张新幻灯片。

2）在占位符中输入文字。在标题占位符中输入 "主要景点"。在内容占位符中输入："天皇寺、天宝寨、仙寓硐、青龙湖、七彩飞瀑、万江景区、古战场、观云亭、翡翠长廊、茶花山、花溪十三桥等。"

3）插入智能图形。单击 "插入" → "智能图形" 按钮，弹出 "选择智能图形" 对话框，单击左窗格中的 "列表" 类，并在右侧窗格中选择 "图片题注列表"，如图 5-6 所示。

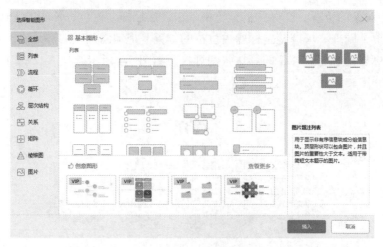

图 5-6　插入智能图形

a．在智能图形内插入图片。选中幻灯片上的智能图形，单击智能图形内的"插入图片"按钮，插入已准备的蜀南竹海风景画；并在下方的文本占位符中单击，输入景点名称，如"翡翠长廊"，效果如图 5-7 所示。以相同的方法插入另两张图片，并在对应图片的下方输入景点名称。

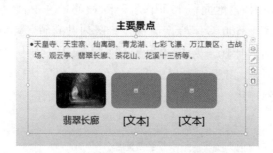

图 5-7　插入智能图形

说明：图片随意，名称随意，不要求与示意图上的一致。

b．调整智能图形的大小及位置。鼠标指向智能图形的外框，等待鼠标指针变成✛形时，可拖动调整智能图形的位置，如图 5-8 所示；若将鼠标指向智能图形外框的四个角或四边的正中央，鼠标指针将变成↗，此时可调整智能图形的大小。

图 5-8　调整智能图形的位置

适当调整智能图形的大小及位置，使整个幻灯片版面布局协调。

（4）制作两栏内容幻灯片，即第 4 张幻灯片，如图 5-9 所示。

1）插入新幻灯片。在"幻灯片 / 大纲浏览窗格"中，单击选中第 3 张幻灯片，按下 + 键"新建幻灯片"（或 Ctrl+M 组合键），在弹出的幻灯片版式列表中选择"两栏内容"版式。

说明：对比前面插入幻灯片的方法，此法可以选择幻灯片版式，而使用前面的方法插入的幻灯片，其幻灯片版式默认与上一张幻灯片的幻灯片版式相同。

2）在占位符中输入内容。单击右边内容占位符中的插入图片按钮 ，插入一张准备好的图片"全竹宴 .jpg"。

在标题占位符中输入"饮食文化"

在左边文本占位符中输入："以竹为食。一年四季，天天鲜笋不断。竹笋、竹荪、竹酒汇聚的'全竹宴'，被称为'天下山珍第一席'。此外，当地的美食还有宜宾燃面、鸡丝豆腐脑、南溪豆腐干、竹筒黄酒、葡萄井凉糕、沙河豆腐、筠连水粉、竹荪炖鸡面、怪味鸡、蝶式腊猪头、琵琶冬腿和兰香斋熏肉等等。"

（5）制作绘图幻灯片，即第 5 张幻灯片，如图 5-10 所示。

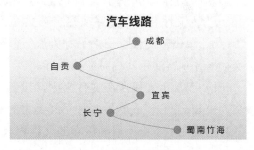

图 5-9　两栏内容幻灯片　　　　　　　图 5-10　绘图幻灯片

1）插入新幻灯片。在"幻灯片 / 大纲浏览窗格"中，单击选中第 4 张幻灯片，按下 + 键"新建幻灯片"（或 Ctrl+M 组合键），在弹出的幻灯片版式列表中选择"仅标题"版式。

2）在占位符中输入文字。在标题占位符中输入文字"汽车线路"。

3）绘制线路。单击"插入"→"形状"按钮，在形状形表中选择"线条"区域中的"曲线"，鼠标指针变成十字形，在幻灯片上随意绘制一条从上向下的曲线。

提示：绘制的过程中单击鼠标可以确定一个拐点，要停止绘制曲线可直接双击鼠标。绘制结束后，还可右击曲线，在快捷菜单中选择"编辑顶点"命令，此时可重新拖动曲线上的控制点，调整曲线的外观。

4）绘制站点。单击"插入"→"插图"→"形状"按钮，在形状形表中选择"基本形状"区域中的"椭圆"，按住 Shift 键，在幻灯片上绘制一个正圆。

按住 Ctrl 键并拖动圆，可复制出一个圆，以相同的方法复制出多个圆，并将其分布在线路上。

5）输入站点名。单击"插入"→"文本"→"横向文本框"按钮 ，在幻灯片上拖曳绘制出一个文本框，并在其中输入文字"成都"。

按住 Ctrl 键并拖动文本框的外框，可复制出一个文本框，以相同的方法复制出多个文本框，并分别将其中的文字改为"自贡""宜宾""长宁""蜀南竹海"。

（6）制作图像幻灯片，即第 6 ～ 8 张幻灯片。单击"开始"→"版式"按钮，在弹出的幻灯片版式列表中选择"空白"版式。或者按下＋键"新建幻灯片"（或 Ctrl+M 组合键），在弹出的幻灯片版式列表中选择"空白"版式。

单击"插入"→"图片"按钮，打开"插入图片"对话框，在该对话框中选择一张蜀南竹海风景图，单击"插入"按钮。

以相同的方法，再制作两张仅包含图片的幻灯片。

（7）在幻灯片浏览视图下查看幻灯片。单击窗口右下方的"幻灯片浏览"按钮，进入幻灯片浏览视图，查看已做好的所有幻灯片，如图 5-1 所示。

说明：在幻灯片浏览视图下，不能对幻灯片上的对象进行编辑，双击某张幻灯片缩略图可转入普通视图，从而更清晰地查看各张幻灯片的效果，并可继续编辑幻灯片。

（8）放映幻灯片。选中第一张幻灯片，单击窗口右下方的"幻灯片播放"按钮，进入幻灯片放映视图，单击鼠标、按空格键或上下滚动鼠标滚轮可进行幻灯片的切换，查看幻灯片放映效果。

（9）将制作好的演示文稿以兼容 Microsoft PowerPoint 文件类型的"风景名胜蜀南竹海 .pptx"为文件名保存，并观察演示文稿对应的图标。

（10）单击"文件"→"另存为"，选择 WPS 专用文件类型（扩展名为".dps"），保存演示文稿，并观察演示文稿对应的图标。

（11）在演示文稿所在文件夹中，设置不同的查看方式（如大图标、小图标等），观察后缀名为".dps"和".pptx"两种不同类型的文件对应图标的使用和变化情况。

特别说明：本单元后续保存的文件将只给出主文件名，由读者自行选择扩展名保存。

三、思考与练习

1. 可否在幻灯片的任意位置单击鼠标输入文本？
2. WPS 演示文稿允许向幻灯片中插入哪些对象？
3. 什么是"占位符"？ WPS 演示文稿中，"占位符"有哪些种类？
4. WPS 演示文稿的视图有几种，各有什么功能？哪种视图下可以详细地编辑和设计幻灯片上的对象？

实验二　演示文稿的格式化

一、实验目的

（1）掌握幻灯片背景设置方法。
（2）掌握设计的使用，背景、配色方案的修改方法。
（3）掌握幻灯片版式的修改方法。
（4）掌握幻灯片对象的格式化方法。
（5）掌握幻灯片母版的使用方法。

二、实验内容与步骤

实训 1　将主题应用于演示文稿

实训内容

将"设计"模板风格应用于演示文稿。

操作步骤

打开本单元实验一中制作好的演示文稿"风景名胜蜀南竹海"。

单击"设计"→"更多设计",在"在线设计方案"中单击选择适合的风格模板。可试着单击风格模板,并查看应用主题后的各张幻灯片效果。在列表框右侧可选择"免费专区"的模板。

实训 2　修改演示文稿背景

实训内容

(1) 应用背景样式。

(2) 使用图案填充作为演示文稿背景。

操作步骤

(1) 单击"设计"选项卡→"背景"组→"背景",在弹出的背景对象属性中选择想填充的图案,如图 5-11 所示,查看修改后的各幻灯片效果。

(2) 使用纹理作背景。单击"设计"选项卡→"背景"组→"背景",在弹出的背景对象属性中选择"图片填充",再下拉菜单中单击选择需要填充的图案,如图 5-12 所示,选择其中的图案,最后单击"全部应用"按钮,即将该图案背景应用于所有幻灯片。

　　图 5-11　背景对象属性　　　　　图 5-12　设置填充背景

实训 3　修改主题颜色和主题字体

实训内容

修改演示文稿配色方案。

操作步骤

（1）单击"设计"选项卡→"配色方案"按钮，为当前主题选择另外一种主题颜色，如"奥斯汀"。查看修改主题颜色后各张幻灯片的效果。

（2）再次单击"设计"选项卡→"更多设计"按钮，在"在线设计方案"中单击选择"绿色能源"风格应用于演示文稿，此时幻灯片自动套用"绿色能源"风格默认的背景和配色方案。

实训 4　幻灯片版式的修改

实训内容

修改第 4 张幻灯片的幻灯片版式为"图片与标题"。

操作步骤

选中第 4 张幻灯片（标题为：饮食文化），单击"开始"选项卡→"版式"按钮，在弹出的幻灯片版式列表中选择"图片与标题"。

实训 5　插入艺术字

实训内容

为第 1 张幻灯片（标题幻灯片）插入艺术字标题，如图 5-13 所示。

图 5-13　幻灯片上插入的艺术字

操作步骤

（1）删除标题占位符。

选中第 1 张幻灯片，单击幻灯片上"风景名胜蜀南竹海"外部的虚线框，选中标题占位符，按下 Delete 键将其删除。

（2）插入艺术字作为标题。

1）插入艺术字。单击"插入"选项卡→"艺术字"按钮，在弹出的艺术字列表中选择一种艺术字样式（第 1 排第 9 个"填充 - 白色，轮廓 - 着色 1"）。

将艺术字框中的提示文字"请在此放置您的文字"删除，重新输入文字"风景名胜蜀南竹海"。

2）更改艺术字样式。选中"蜀南竹海"4 个字，单击"文本工具"中艺术字样式列表框的"其他"按钮，在弹出的艺术字列表中为其选择另外一种艺术字样式（第 1 排第 2 个"填充 - 橄榄褐色，着色 1，阴影"）。

3）设置艺术字字体大小。选中"蜀南竹海"4 个字，使用"开始"选项卡设置其字体大小为 88 号。

4）其他设置。选中所有艺术字，加粗。单击艺术字外框，拖动艺术字至合适的位置。

实训 6　背景图形的取消

实训内容

取消第 1 张幻灯片的主题的背景图形，幻灯片编号如图 5-14 所示。

操作步骤

在普通视图下或幻灯片浏览视图下，选中 1 张幻灯片，单击"设计"选项卡→"背景"，在"背景对象属性"中选择"隐藏背景图形"选项。

观察各张幻灯片的版面布局，若有不合理的地方，可适当调整幻灯片上各对象的大小或位置，使整体效果更佳。最终效果如图 5-14 所示。

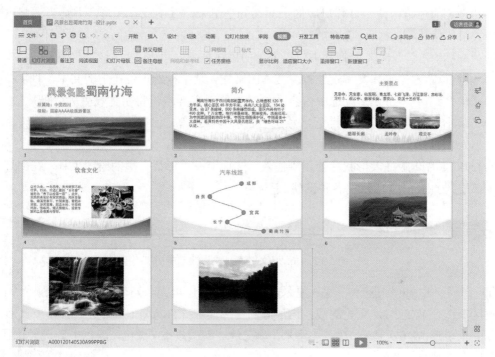

图 5-14　应用设计后的幻灯片效果

将演示文稿另存为"风景名胜蜀南竹海 - 设计"。

实训 7　幻灯片母版

实训内容

使用"幻灯片母版"统一格式化各张幻灯片。

操作步骤

（1）打开"风景名胜蜀南竹海"，各张幻灯片如图 5-1 所示。

（2）设计"幻灯片母版"。

1）进入幻灯片母版视图。单击"视图"选项卡→"幻灯片母版"，进入幻灯片母版视图，单击选中左窗格中顶端第 1 张最大的幻灯片，该幻灯片即为幻灯片母版，其版面布局如图 5-15 所示，其下的 11 张较小的幻灯片为版式母版。现在要修改幻灯片母版的格式，修改后的幻灯片母版格式如图 5-16 所示。

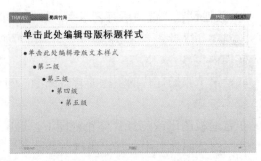

图 5-15　原始"幻灯片母版"　　　　图 5-16　修改后的"幻灯片母版"

2）移动标题占位符和文本占位符的位置。在幻灯片母版上，将标题占位符和文本占位符往下移动一定的距离，使幻灯片母版的上面部分空出来，以便放置图形。并适当调整内容占位符的大小，使其不占据页脚的位置。

提示：移动占位符时，应拖动占位符外部的虚线框。

3）设置标题占位符和文本占位符中文本的格式。选中标题占位符中的文本，将字体格式设置为"华文细黑""36 磅"。选中内容占位符中的所有文本，将字体设置为"楷体"，再不断单击"减小字号"按钮 A ，直至字号框中显示为"28"，此时内容占位符中第一级文本的字体大小为"28 磅"。

4）向幻灯片母版插入形状。使用"插入"选项卡→"形状"里的绘图工具，在幻灯片母版的上部绘制如图 5-17 所示的各种形状。

图 5-17　在幻灯片母版上方绘制的图形

第一个矩形：高 1.4 厘米，宽 3 厘米，填充色"纯色填充 - 矢车菊兰，强调颜色 1"（主题颜色区第 2 行第 2 个），无轮廓线，内部添加白色文本"TRAVEL"，倾斜。

第二个矩形：高 0.9 厘米，宽 2.4 厘米，填充色"细微效果 - 黑色，深色 1"，无轮廓线（主题颜色区第 4 列第 1 个）。

文本框：插入横向文本框，内部添加文本"蜀南竹海"，设置为"黑体""18 磅"。

线条：粗细为"1 磅"，颜色为"中等线 - 深色 1"（主题颜色区第 2 列第 1 个）。

第一个平行四边形：高 0.8 厘米，宽 3 厘米，填充色"纯色填充 - 矢车菊兰，强调颜色 1"（主题颜色区第 2 行第 2 个），无轮廓线，内部添加白色文本"PRE"。

第二个平行四边形：高 0.8 厘米，宽 3 厘米，填充色"细微效果 - 黑色，深色 1"，无轮廓线（主题颜色区第 4 列第 1 个），无轮廓线，内部添加黑色文本"NEXT"。

提示：使用"插入"选项卡→"插图"组→"形状"下的相关工具可以绘制不同的形状。选中绘制好的形状，使用"绘图工具 / 格式"选项卡→"填充"，可以设置形状的填充色。使用"绘图工具 / 格式"选项卡→"轮廓"，可以设置形状有无轮廓线及轮廓线的颜色和粗细。右击绘制好的形状，在快捷菜单中选择"编辑文字"命令，可以向形状内部添加文字。在"插入"选项卡→"文本框"→"预设文本框"列表下选择"横向或竖向文本框"，可以在幻灯片上添加文本框。

5）设置超链接。选中内部文本为"PRE"的平行四边形并右击，在弹出的快捷菜单中选择"超链接"命令，并在弹出的"插入超链接"对话框左侧窗格中选择"本文档中的位置"选项，在右侧窗格中选择"上一张幻灯片"选项。以相同方法设置内部文本为"NEXT"的平行四边形的超链接，链接的目标位置为"下一张幻灯片"。

（3）删除不要的版式母版。在幻灯片母版视图下，将左侧窗格中任何幻灯片都不使用的版式母版删除。

提示：鼠标指向左侧窗格中的某个版式母版，系统自动弹出提示信息，说明该版式的名称及演示文稿中哪些幻灯片在使用这种版式，如图 5-18 所示。将任何幻灯片都不使用的版式母版单击选中，直接按下 Delete 键，即可将这种版式母版删除。

图 5-18　系统提示的版式名称

（4）插入新的版式母版。在左侧窗格中选中最后一张版式母版并右击，在下拉菜单中选择"新建幻灯片版式"按钮，在最后一张版式母版的后面插入一张新版式，如图 5-19 所示。鼠标右击该新版式母版，在弹出的快捷菜单中选择"重命名版式"命令，并在随后出现的"重命名版式"对话框中将版式命名为"图片版式 1"。

图 5-19　插入的新版式

鼠标指向标题占位符外部的虚线框，当鼠标指针变为双向箭头时，拖动鼠标调整标题占位符的大小，使其变小，然后将其移至幻灯片右上部。

单击"幻灯片母版"选项卡→"背景"，在"背景对象属性"中选择"隐藏背景图形"选项，将背景图形隐藏。

WPS 演示中并不能直接插入新的占位符，不过，默认的母版及其下各版式中，已经有各种类型的占位符（标题占位符、文本占位符、竖排文字占位符、内容占位符、图片占位符），可以通过复制粘贴需要的占位符，制作出新的母版版式。

在现有的占位符中复制"图片"占位符，将其粘贴到新建的母版版式，使其占据整张幻灯片的左半边。

再次在现有的占位符中复制"文本"占位符，粘贴到新建的母版版式，调整位置使其在幻灯片右侧下部。

设计成功的新母版版式"图片版式 1"如图 5-20 所示。

以相似的方法再制作一张新的母版版式，其中仅包含三个图片占位符，其布局格式如图 5-21 所示，并将该版式命名为"图片版式 2"。

图 5-20　自定义版式"图片版式 1"

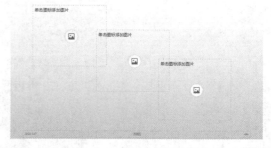

图 5-21　自定义版式"图片版式 2"

（5）使用自定义版式新建幻灯片。单击"视图"选项卡→"普通视图"按钮回到普通视图。单击"开始"选项卡→"新建幻灯片"右侧的三角形下拉按钮，弹出下拉菜单，该菜单中显示了当前主题下可供使用的所有幻灯片版式，如图 5-22 所示。观察自定义的两种版式"图片版式 1"和"图片版式 2"。

图 5-22　可供选择的幻灯片版式

练习分别使用"图片版式 1"和"图片版式 2"建立一张新幻灯片。

（6）将演示文稿中第 6、7、8 张幻灯片删除（幻灯片编号如图 5-1 所示）。所有操作完成后，演示文稿中的各张幻灯片如图 5-23 所示。观察套用幻灯片母版格式后的各张幻灯片效果。放映幻灯片，观察单击 PRE 按钮 PRE 和 NEXT 按钮 NEXT 的超链接效果。最后，将演示文稿另存为"风景名胜蜀南竹海 - 母版使用"。

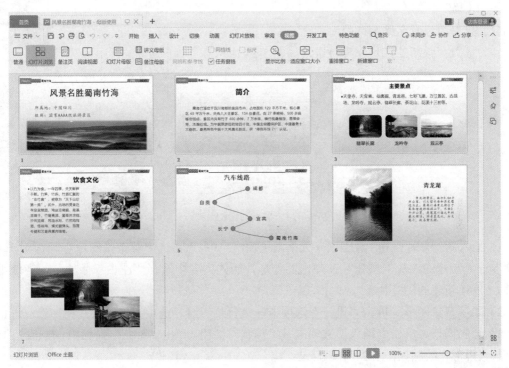

图 5-23　套用了幻灯片母版格式后的幻灯片效果

三、思考与练习

1．修改幻灯片的版式后，幻灯片上原有的文本是否会丢失？

2．如何将一个主题应用于演示文稿，每一种主题提供的幻灯片版式都相同吗？

3．在幻灯片母版的标题占位符中输入的文字会出现在所有幻灯片中吗？

4．WPS 演示文稿中如何设置段落的间距？

实验三　动态演示文稿的设计

一、实验目的

（1）掌握动作按钮和超链接的使用方法。

（2）掌握为幻灯片中的对象添加自定义动画的方法。

（3）掌握设置幻灯片切换动画的方法。

二、实验内容与步骤

实训 1　幻灯片超链接设置

实训内容

在"风景名胜蜀南竹海 - 设计"（图 5-14）的第 1 张幻灯片后插入一张新幻灯片，并为该幻灯片上的文本设置超链接。

操作步骤

（1）打开"风景名胜蜀南竹海 - 设计"。

（2）插入一张新幻灯片作为目录，如图 5-24 所示。

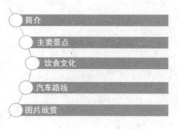

图 5-24　插入的新幻灯片

1）插入新幻灯片。在"幻灯片 / 大纲浏览窗格"中，单击选中第 1 张幻灯片，单击"开始"选项卡→"新建幻灯片"按钮，在弹出的幻灯片版式列表中选择"空白"版式；或者使用快捷键 Ctrl+M 新建的幻灯片。

2）隐藏背景图形。单击"设计"选项卡→"背景"组，选中"隐藏背景图形"复选框。

3）绘制图形。单击"插入"选项卡→"形状"按钮，弹出"形状"对话框，使用"曲线""椭圆""矩形"绘制如图 5-24 所示目录结构。

依次在矩形框中输入"简介""主要景点""饮食文化""汽车路线"和"图片欣赏"。

（3）设置超链接。选中"简介"两个字，单击"插入"选项卡→"超链接"按钮→"本文档幻灯片页"，弹出"插入超链接"对话框，在左侧窗格中选择"本文档中的位置"，在右侧窗格中选择幻灯片标题为"简介"的幻灯片，如图 5-25 所示，最后单击"确定"按钮。

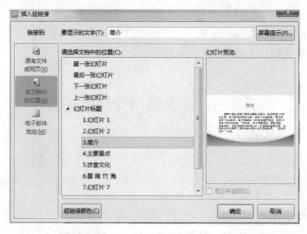

图 5-25　"插入超链接"对话框

以相同方法设置"主要景点""饮食文化""汽车路线"和"图片欣赏"链接的目标位置。

说明：右击创建好超链接的对象，可以选择"编辑超链接"或"取消超链接"命令。

（4）查看超链接效果。超链接只有在幻灯片放映视图下才能启动链接效果。

选中第 2 张幻灯片，内容如图 5-24 所示，单击窗口右下角的"幻灯片播放"按钮 ，进入幻灯片放映视图，鼠标指向"简介"，指针变成手形，单击鼠标，查看是否链接到了目标位置，即标题为"简介"的幻灯片上。向上滚动鼠标滚轮，返回到第 2 张幻灯片，点击查看其他超链接的效果。

插入幻灯片后演示文稿中的幻灯片顺序如图 5-26 所示。

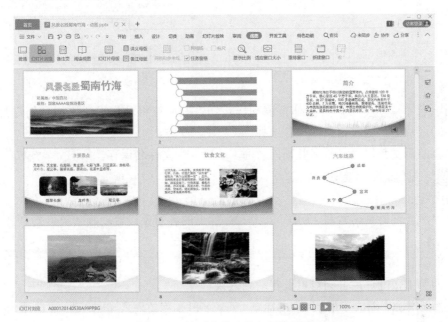

图 5-26　演示文稿中的幻灯片顺序

实训2　为幻灯片添加动作按钮

实训内容

为第 3 ~ 6 张幻灯片的右下角添加动作按钮，单击该动作按钮能够返回到目录（第 2 张幻灯片），幻灯片顺序如图 5-26 所示。

操作步骤

（1）为第 3 张幻灯片插入动作按钮。

1）选中第 3 张幻灯片（标题为"简介"）。

2）单击"插入"选项卡→"形状"按钮，弹出形状列表；在形状列表下方的"动作按钮"组中选择"动作按钮：后退或前一项"，鼠标指针变成十字形，在幻灯片上拖曳鼠标绘制出动作按钮，放开鼠标键时将弹出"动作设置"对话框。

3）在"动作设置"对话框的"超链接到"下拉列表框中选择"幻灯片"选项，弹出"超链接到幻灯片"对话框，在该对话框中要求设定超链接到哪张幻灯片，单击选中"幻灯片 2"如图 5-27 所示，最后依次单击"确定"按钮，添加动作按钮后幻灯片效果如图 5-28 所示。

（2）将动作按钮复制到第 4 ~ 6 张幻灯片的右下角。

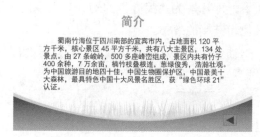

图 5-27　添加动作按钮　　　　　　　　　　图 5-28　添加动作按钮后幻灯片效果

说明：若希望所有幻灯片上都有该动作按钮，则应该将动作按钮添加到幻灯片母版上，并取消各幻灯片的"隐藏背景图形"选择。

（3）将演示文稿以"风景名胜蜀南竹海 - 动画"为文件名保存。

实训 3　制作幻灯片上对象的动画

实训内容

打开"风景名胜蜀南竹海 - 动画"，为幻灯片上的各对象设置动画效果，幻灯片的顺序如图 5-26 所示。

操作步骤

（1）为第 1 张幻灯片上的对象设置动画效果。

1）为标题添加"缩放"动画。单击标题"风景名胜蜀南竹海"，单击"动画"选项卡→"动画"组→动画效果列表框右下角的"其他"按钮▾，在弹出的动画列表中选择"进入"效果区中的"缩放" 。

2）为副标题添加"随机线条"动画。单击副标题"所属地…"，单击"动画"选项卡→"动画"组，在动画效果列表框中选择"随机线条" 。

（2）为第 2 张幻灯片上的对象设置动画效果。单击选中矩形图形，单击"动画"选项卡，在动画效果列表框中选择"劈裂"。为了控制动画的方向及形式，单击"自定义动画"按钮，在出现的右侧菜单"方向"中选择"中央向左右展开"；再次通过相同的方式给每个矩形添加动画后，逐个在右侧菜单"开始"中选择"之后"。

（3）为第 6 张幻灯片上的对象设置动画效果。动画效果说明：先出现文本框"成都"及其旁边的圆，然后出现"蜀南竹海"及其旁边的圆；绿色的线路从"成都"连向"蜀南竹海"；然后依次出现"自贡""宜宾""长宁"；最后强调绿色线路。

1）为文本框"成都"及其旁边的圆添加"出现"动画。按住 Shift 键的同时单击文本框"成都"及其旁边的圆，将二者选中；再单击"动画"选项卡→"动画"组，在动画效果列表框中选择"出现"。

2）为文本框"蜀南竹海"及其旁边的圆添加"出现"动画，方法同上。

3）为绿色的线路添加"擦除"动画。单击选中绿色线路，单击"动画"选项卡→"动画"组，在动画效果列表框中选择"擦除" 。为了控制对象的擦除方向，单击"自定义动画"按钮，在出现的右侧菜单"方向"中选择"自顶部"，速度选择"中速"。

4）为文本框"自贡""宜宾""长宁"及旁边的圆添加动画"出现"动画。按住 Shift 键的同时单击文本框"自贡"及其旁边的圆，将二者选中；再单击"动画"选项卡，在动画效果列表框中选择"出现"。

以相同的方法设置"宜宾"及其旁边的圆、"长宁"及其旁边的圆的动画。

5）为绿色的线路添加"陀螺旋"强调动画。单击"动画"选项卡→"自定义动画"组→"添加动画"，在弹出的动画列表中选择"强调"效果区中的"陀螺旋"。

注意：若要为一个对象要添加多个动画效果，需要使用"动画"选项卡→"自定义动画"组→"添加动画"；若选择使用了"动画"选项卡→"动画"组中的动画，则会将对象原来的动画替换掉。

（4）为第 3、4、5 张幻灯片上的对象随意设置动画效果。

（5）放映幻灯片，观察各幻灯片上对象的动画效果。

实训 4 设置动画效果属性

实训内容

练习修改第 1 张幻灯片上对象动画的顺序、动画持续的时间、效果选项。

操作步骤

（1）选中第 1 张幻灯片，单击窗口右下角的"幻灯片播放"按钮，查看第 1 张幻灯片的动画效果。

（2）单击副标题"所属地…"，单击"动画"选项卡→"自定义动画"，单击下拉菜单 ，选择"效果选项"，在弹出的下拉菜单中选择"作为一个对象"。查看修改后的动画效果。

（3）单击副标题"所属地…"左上角的数字 2，单击"动画"选项卡→"自定义动画"→"重新排序"→" "按钮，向前移动，数字 2 变成了数字 1。单击窗口右下角的"幻灯片播放"按钮，查看动画播放顺序的变化。

（4）单击标题"风景名胜蜀南竹海"，单击"动画"选项卡→"自定义动画"，单击下拉菜单 ，选择"计时"，设置动画"持续时间"为"01.00"，将动画的"开始"方式设置为"之后"，即上一动画播放完后自动播放该动画，而不用单击鼠标。单击窗口右下角的"幻灯片播放"按钮 ，查看动画效果。

说明：单击对象左上角的数字，按下 Delete 键，可将对象的动画删除。单击"动画"选项卡→"自定义动画"，可打开动画窗格，在该窗格中也可拖动调整动画顺序或按 Delete 键删除动画。

实训 5 制作幻灯片切换动画

实训内容

为各张幻灯片设置幻灯片切换效果。

操作步骤

（1）单击窗口右下角的"幻灯片播放"按钮，进入幻灯片浏览视图。

（2）单击选中第 1 张幻灯片，单击"切换"选项卡，在幻灯片切换效果列表框中选择"分割"。

（3）以相同的方法设置其他幻灯片的切换效果。单击"切换"选项卡右下角的"其他"按钮 ，可以查看更多的幻灯片切换效果。

（4）单击"保存"按钮 保存演示文稿。

三、思考与练习

1．若已为演示文稿设置了超链接，在普通视图下可否实现超链接？

2．超链接的目标位置可否是另一个文件？可以的话如何设置？如何修改或删除已建好的超链接？

3．自定义动画和幻灯片切换动画有何区别？

4．如何修改幻灯片上对象动画的播放顺序？如何删除对象的动画效果？如何为一个对象添加多种动画效果？

实验四　演示文稿的放映与打包

一、实验目的

（1）掌握设置幻灯片放映方式的方法。

（2）掌握排练计时的方法。

（3）掌握幻灯片放映过程的控制方法。

（4）掌握演示文稿的打包方法。

二、实验内容与步骤

实训 1　演示文稿的放映

实训内容

在默认的放映方式下（演讲者放映），放映演示文稿"风景名胜蜀南竹海 - 动画"。

操作步骤

（1）打开"风景名胜蜀南竹海 - 动画"。

（2）单击窗口右下角的"幻灯片播放"按钮 ，进入幻灯片放映视图，并且自动从当前幻灯片开始放映；若单击"幻灯片放映"选项卡→"从头开始"，则从第一张幻灯片开始放映。

（3）单击鼠标左键、空格键或回车键显示下一张。

（4）放映完所有幻灯片后，再次单击鼠标左键、空格键或回车键便退出放映模式。

（5）在幻灯片放映过程中，也可按 Esc 键或右击鼠标键并在快捷菜单中选择"结束放映"结束放映。

实训 2　演示文稿自动循环放映

实训内容

使演示文稿自动循环放映。

操作步骤

（1）演示文稿放映排练计时。单击"幻灯片放映"选项卡→"设置"组→"排练计时"

按钮进入幻灯片放映模式，单击鼠标键控制放映速度，在最后弹出的询问"是否保留新的幻灯片排练时间"的对话框中单击"是"按钮。

（2）设置放映方式为"在展台浏览"。单击"幻灯片放映"选项卡→"设置幻灯片放映"按钮，打开"设置放映方式"对话框；在"放映类型"区中选中"展台自动循环放映（全屏幕）"选项；在"换片方式"区中选中"如果存在排练时间，则使用它"选项。

（3）观看放映。选中第一张幻灯片，单击窗口右下角的"幻灯片播放"按钮 ▶ ，观看放映。

说明：排练计时应该在放映类型为"演讲者放映"前提下进行。

实训 3 向演示文稿插入音频文件及外部链接文件

实训内容

（1）在"风景名胜蜀南竹海 - 动画"中插入一个音频文件作为背景音乐。

（2）为第 4 张幻灯片上的"主要景点"四个字添加超链接，链接的目标为"主要景点详细介绍 .docx"。

操作步骤

（1）将放映类型改为"演讲者放映"，换片方式改为"手动"。

（2）在普通视图下，选中第 1 张幻灯片，单击"插入"选项卡→"音频"→"嵌入音频"，在弹出的"插入音频"对话框中选择一个音频文件，如"Sound.wav"，单击"插入"按钮。此时，幻灯片上出现一个小喇叭图标，选中该喇叭图标，单击"音频工具"选项卡→"跨幻灯片播放"项，使声音能在后面的幻灯片中继续播放。

（3）在左侧窗格中选中第 4 张幻灯片，在右侧的编辑区中选中"主要景点"四个字并右击，在弹出的快捷菜单中选中"超链接"，并在"插入超链接"对话框左侧的窗格中选择"原有文件或网页"，将链接的目标设置为"主要景点详细介绍 .docx"，如图 5-29 所示。

图 5-29　超链接至文件

（4）放映演示文稿，单击第一张幻灯片上的小喇叭图标，观察声音播放效果，继续放映幻灯片，观察超链接至"主要景点详细介绍 .docx"的效果。

实训 4 演示文稿的打包

实训内容

演示文稿的打包。

操作步骤

（1）单击"文件"选项卡→"文件打包"→"将演示文稿打包成文件夹"，弹出"演示文件打包"对话框，如图 5-30 所示。

图 5-30　"演示文稿打包"对话框

（2）在"文件夹名称"文本框中输入"我的打包文稿"，如图 5-31 所示；单击"浏览"按钮，选择打包文件夹放置的位置，如"桌面"，单击"确定"按钮。观察打包后的文件夹中包含的文件，超链接的文件已包含在打包文件中，而音频文件默认是嵌入到演示文稿中的，随演示文稿保存。

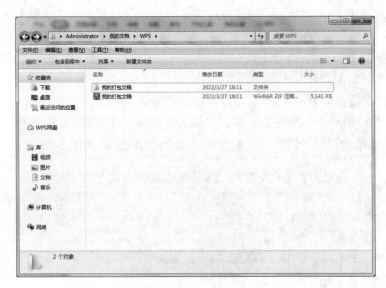

图 5-31　打包文件夹

三、思考与练习

1．如何让幻灯片自动循环播放？
2．如何向幻灯片中插入声音？如何让一个声音文件连续在多张幻灯片中播放？
3．如何向幻灯中插入 GIF 动画？
4．演示文稿打包的作用是什么？如何对演示文稿进行打包？

第六单元　计算机网络基础

实验一　Internet 应用

一、实验目的

（1）掌握 TCP/IP 协议的设置。

（2）熟悉 Microsoft Edge 浏览器的使用。

（3）掌握搜索引擎的使用。

（4）掌握文件传输（FTP）的使用。

二、实验内容与步骤

实训 1 设置 TCP/IP 协议

实训内容

（1）TCP/IP 协议的添加。

（2）设置主机 IP 地址、子网掩码、默认网关、DNS 服务器。

操作步骤

（1）单击"开始"菜单上的"设置"菜单项。

（2）在弹出的"Windows 设置"窗口中单击"网络和 Internet"，然后在弹出的"设置"窗口中单击"以太网"，这时弹出"相关设置"窗口，再单击"更改适配器选项"，在弹出的窗口中选择"以太网"图标并右击，在弹出的快捷菜单中选择"属性"命令，如图 6-1 所示。

（3）选择"Internet 协议版本 4（TCP/IPv4）"项，单击"属性"按钮，如图 6-2 所示。

图 6-1　"本地连接 属性"窗口

图 6-2　"Internet 协议版本 4（TCP/IPv4）属性"窗口

（4）打开"Internet 协议版本 4（TCP/IPv4）属性"窗口，设置 IP 地址和 DNS 服务器地址。如果 IP 地址使用动态分配的话，只要选择"自动获得 IP 地址""自动获得 DNS 服务器地址"单选项即可。

（5）完成 TCP/IP 的设置后，鼠标右击桌面上的"网络"图标，从快捷菜单中选择"属性"命令，打开"网络连接"窗口，其中出现了代表本地网络已经连通的图标，此时就可以通过网络浏览信息或收发邮件了。

注：现在很多单位的局域网或家中使用的宽带网都可自动获取 IP 地址。但如果使用固定 IP 地址的话，需要让网络管理员给自己分配 IP 地址，同时获得相应的"子网掩码"的地址和 DNS 域名解析服务器的 IP 地址，如果安装了网关还需要知道网关的 IP 地址等，把这些地址填写到各自的文本框中即可。

说明：TCP/IP 协议现在已是 Internet 的标准协议。如果要通过局域网访问 Internet 或使用 Modem 拨号连接 Internet 都要加载该协议。默认的情况下系统自动加载 TCP/IP 协议。

实训 2　使用 Microsoft Edge 浏览器

实训内容

（1）用 Microsoft Edge 浏览器浏览网页。

（2）设置起始页面地址。

（3）利用历史记录"脱机浏览"。

操作步骤

（1）单击任务栏中的 Microsoft Edge 图标或双击桌面上的 Microsoft Edge 图标打开浏览器。

（2）在 Edge 地址栏中输入新浪网网址"http://www.sina.com.cn/"，然后按 Enter 键，打开新浪网主页，如图 6-3 所示。

图 6-3　新浪网主页

（3）在主页上方导航栏中选择"教育"。使用鼠标滚轮可以上下滚动显示网页全部内容，按键盘的上、下光标键也可以实现翻页。上下拖动窗口右侧滚动条上的滑块也可以进行翻页。

（4）鼠标右击页面上的图片，在弹出的快捷菜单中选择"将图片另存为"，保存该图片。如图 6-4 所示。

（5）选择"文件"→"另存为"，保存当前网页。在"资源管理器"中查看保存的内容。

（6）在浏览器地址栏边框右侧，单击"五角星"形按钮，弹出对话框，如图 6-5 所示。

图 6-4　保存网页图片

图 6-5　"添加到收藏夹"对话框

单击"收藏夹"下拉列表，单击"创建新的文件夹"按钮。在"新建文件夹"列表中输入"常用网站"，单击"添加"按钮即可把当前网页添加到"常用网站"文件夹中。收藏即保存当前页面的 URL，以便今后从"收藏夹"按钮快捷进入网页浏览。

思考：如果将保存的网页设置为允许脱机使用，该怎么操作？

（7）单击 Edge 浏览器最右上侧的"设置和其他"按钮，弹出下拉列表如图 6-6 所示。单击"设置"菜单项，弹出折叠导航视图，如图 6-7 所示，在"常规"选项卡中的"设置您的主页"选择"特定页"，在"输入 URL"文本框中输入主页的网址，如新浪网地址"http://www.sina.com.cn/"，然后单击"保存"按钮，Edge 浏览器就会在每次启动后自动显示该页面。

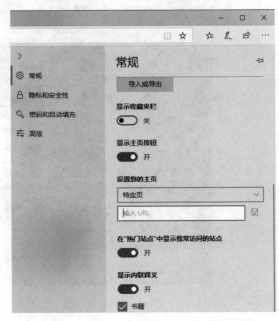

图 6-6　"设置和其他"下拉列表　　　　图 6-7　"设置和其他"折叠导航视图

（8）单击 Edge 浏览器最右上侧的"设置和其他"按钮，弹出下拉列表，如图 6-6 所示。单击列表中的"历史记录"菜单项，可通过"历史记录"列表查看曾经访问过的页面内容，如图 6-8 所示。

图 6-8　"历史记录"列表

（9）单击 Edge 浏览器最右上侧的"设置和其他"按钮，弹出下拉列表，如图 6-6 所示。单击"设置"菜单项，在弹出的折叠导航视图中，单击"隐私和安全性"，如图 6-9 所示，在"隐私和安全性"选项卡中单击"选择要清除的内容"，弹出"清除浏览数据"复选框，如图 6-10 所示，根据实际情况选择相应要清除的数据，然后单击"清除"按钮，删除存储在本地机上的浏览记录信息，以获得更多的有效磁盘空间。

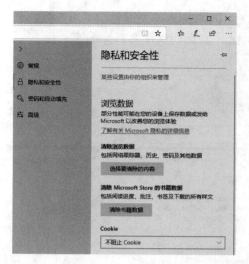 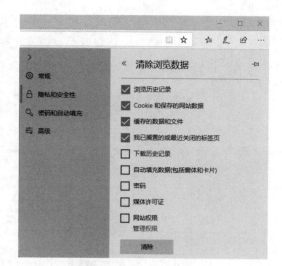

图 6-9 "隐私和安全性"选项卡　　　　图 6-10 "清除浏览数据"复选框

实训3 利用关键字查找相关的文字素材

实训内容

（1）进入百度搜索引擎界面，搜索查找资料。

（2）输入查找内容的关键字，查看具体结果页面。

操作步骤

（1）运行 IE 浏览器，然后在"地址"栏中输入网址 http://www.baidu.com，按 Enter 键进入百度搜索引擎界面，如图 6-11 所示。

图 6-11 百度搜索引擎界面

（2）如果用户希望获得有关北京旅游方面的资料，可在搜索内容文本框中输入关键字"北京旅游"。

（3）单击"百度一下"按钮。

注：对于初次使用搜索引擎工具的用户来说，建议首先通过该搜索引擎提供的帮助信息快速了解搜索引擎的具体使用方法。以百度搜索引擎为例，用户可以在百度主页上通过"搜索帮助"超链接获得百度搜索引擎的特点和使用方法的介绍。

（4）搜索结果部分内容将呈现在浏览器窗口中，其中"百度为您找到相关结果约

100,000,000 个"是搜索信息的统计结果，指一共有 100000000 个页面包含了所查找的两个关键词（"北京"＋"旅游"），当前页面呈现了 1 ～ 10 个具体的结果条目，如图 6-12 所示。每一个结果条目包括以下几项信息。

图 6-12 "北京旅游"百度搜索结果

1）搜索结果标题。这实际上是一个超链接，单击它就可以直接跳转到相应的结果页面。

2）搜索结果摘要。一段有关页面内容的描述文字，内容中出现的关键字以红色显示。通过摘要，可以判断这个结果是否满足要求。

3）百度快照。每个被收录的网页在百度上都存有一个纯文本的备份，称为"百度快照"。如果原网页打不开或者打开速度慢，可以单击"百度快照"浏览页面内容。

4）相关搜索。位于结果页面底部的"相关搜索"是其他用户相类似的搜索方式，如果搜索结果效果不佳，可以参考这些相关搜索。

注：如果在搜索结果范围内进一步查找，在搜索框中输入关键字，比如"周边游"，单击"在结果中找"按钮，观察搜索结果。

说明：

● 搜索引擎是将输入的关键字与其数据库中存储的信息进行匹配，直到找出结果。如果输入的关键字过于简单，那么得到的搜索结果将不计其数，比如，以"网络"作为关键字，与之相关的信息就太多了。

● 如果想缩小搜索范围，只需输入更多的关键词，并在关键词中间留空格，即表示搜索那些满足包含所有设置的关键字条件的内容。

（5）单击条目标题"北京周边游——出行在线中国的旅游超市"，百度在新窗口中将呈现具体的结果页面。

（6）单击"信息分类"栏目中的"怀柔"，打开怀柔推荐的周边游项目，单击其中的"怀柔红螺寺 AAAA"，打开相关内容。

（7）用鼠标选取所需素材文字内容。

（8）执行"编辑"→"复制"命令。

（9）运行 WPS 文字，执行"编辑"→"选择性粘贴"命令，在弹出的"选择性粘贴"对话框中选择"无格式文本"，单击"确定"按钮。

（10）观察粘贴结果仅保留所复制的文字内容，执行"文件"→"保存"命令，将素材文字内容保存下来。

说明：每个搜索引擎的性能都有所不同。在找不着所需的信息时，可用别的搜索引擎试试，或者用浏览器打开多个搜索引擎进行同时搜索。互联网常用搜索引擎见表 6-1。这些搜索引擎不仅支持中文，还具有较高的搜索效率。

表 6-1　互联网常用搜索引擎

名称	网址
雅虎中文	cn.yahoo.com
搜狐	www.sohu.com
新浪搜索引擎	search.sina.com.cn
网易搜索引擎	search.163.com

每一种搜索引擎在使用上都有细微的差别，所以在使用前应先查阅相关的使用方法，这些信息的链接通常就在关键字输入框的旁边。

实训 4　FTP 的配置及应用

实训内容

FTP 协议是 TCP/IP 网络上两台计算机传送文件的协议，它属于网络协议组的应用层。FTP 协议是一个客户端 - 服务器协议，FTP 服务一般运行在 20 和 21 两个端口。端口 20 用于在客户端和服务器之间传输数据流，端口 21 用于传输控制流。FTP 客户机可以给服务器发出命令来下载文件，上传文件，创建或改变服务器上的目录。

（1）FTP 服务器的安装。

（2）FTP 服务器的配置与使用。

操作步骤

（1）双击"控制面板"，找到"程序"项。在打开的窗口中单击"程序和功能"中的"启用或关闭 Windows 功能"。选中"Internet 信息服务"选项，然后单击"确定"按钮即可，如图 6-13 所示。

（2）系统提示安装成功后，单击"开始"菜单，在"程序"中找到"管理工具"项，点开就可以看到"Internet 信息服务（IIS）管理器"项。打开 IIS，在左边的连接区域中，右击网站选项，单击"添加 FTP 站点"。

（3）在 FTP 站点名称输入"09 通信 3 班"。

图 6-13　安装 IIS 的 FTP 功能

设置物理路径为"D:\FTP 文件夹"，如图 6-14 所示。

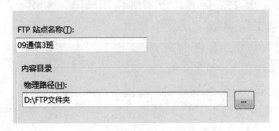

图 6-14　FTP 站点信息

（4）单击"下一步"按钮，设置 IP 地址为自己的 IP 地址"10.2.63.107"（注：输入用户计算机 IP 地址，本书以"10.2.63.107"为例说明），端口号为默认值 21，选择允许使用 SSL，如图 6-15 所示。

（5）单击"下一步"按钮，设置为所有匿名用户只有读取权限，如图 6-16 所示。

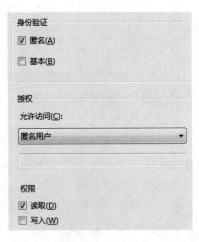

图 6-15　绑定和设置 SSL　　　　　　　图 6-16　设置身份验证和授权信息

（6）单击"完成"按钮后，其他计算机就可以在地址栏输入"ftp://10.2.63.107"来浏览和下载 FTP 上的文件了。

（7）如果要让其他用户也可以上传文件，就需要设置登录用户拥有上传的权限。首先右击桌面上的计算机图标，选择"管理"选项。单击"本地用户和组"选项，在用户中添加一个新的用户名"host"，密码设为"host"，如图 6-17 所示。

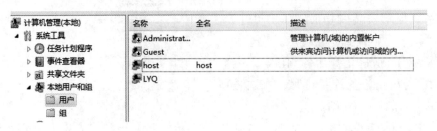

图 6-17　添加用户

（8）打开"Internet 信息服务（IIS）管理器"，单击刚建好的 FTP 首页，双击"FTP 授权规则"。右击添加规则，在指定用户中填入"host"，将权限设为读取和写入。

（9）返回 FTP 主页，单击 FTP 身份验证，将"基本身份验证"设为启用状态。

（10）设置完成后，即可在浏览器中输入"ftp://10.2.63.107"，进入 FTP 页面后右击登录，使用"host"用户名登录，进行文件的上传和下载，如图 6-18 所示。

图 6-18　FTP 身份验证

三、思考与练习

1．设置本机的 TCP/IP 属性。
2．利用百度搜索 4 套计算机基础模拟考试题。
3．利用 FTP 下载和上传自己需要的资料。

实验二　Outlook 2010 应用

一、实验目的

（1）熟悉电子邮件应用的基本概念及其原理，进一步深入理解 SMTP 协议和 POP3 协议的应用和提供的主要服务。
（2）掌握电子邮件客户端工具 Outlook Express 的配置。
（3）掌握电子邮箱的申请方法。
（4）掌握以 Web 方式收发邮件的方法。
（5）掌握以 Outlook 2010 方式收发邮件的方法。

二、实验内容与步骤

发送和接收电子邮件可以分为两大类方法：Web 访问方式和客户端访问方式。

（1）Web 访问方式：通过浏览器访问 ISP（Internet Service Provider）的网站，登录其邮件系统，进入自己的邮箱，所有接收的邮件都以网页的形式显示。此外它一般还提供了发送、转发、附件发送、草稿等功能。由于统一使用了 Web 界面，用户基本不需要学习就可以很容易掌握，这是初学者最常使用的方式。但是它的缺点也很明显。其一，用户必须主动去接收邮件。当有新邮件到达时，无法通知用户，导致邮件处理可能被耽搁或者迫使用户频繁登录邮件系统，费时费力。其二，访问速度慢，效率低。由于访问邮件系统需要使用 Web 服务作为中介，而 Web 服务器经常有大量用户并发访问，其负载较重，这些因素导致访问邮件的延时较大，效率很低。其三，尽管 Web 界面易学易用，但是不够灵活，提供的功能有限。

（2）客户端访问方式：通过在本机运行一个专用的客户端程序来访问邮件系统。常用的客户端程序包括 Outlook Express、Outlook、Foxmail 等，这些客户端程序提供了友好的界面和强大的功能，避免了 Web 访问方式的缺点，具有邮件到达自动通知、下载，效率高、速度快，使用灵活、功能强大等优点。它的缺点是安装后需要进行相关设置，初学者不易掌握。

本实验分别以 Web 方式和客户端方式收发邮件。

实训 1　电子邮箱的申请

实训内容

想要收发电子邮件，必须先拥有电子邮箱。很多网站都提供免费电子邮箱服务，如网易的 163 邮箱和 126 邮箱、Google 的 Gmail 邮箱、Microsoft 的 Hotmail 邮箱以及新浪和搜狐的免费邮箱等，可以到相应的网站主页上进行申请。下面以网易免费电子邮件为例说明。

（1）申请一个电子邮箱。

（2）撰写电子邮件。

（3）接收电子邮件。

操作步骤

（1）注册。在 IE 地址栏中输入 http://mail.163.com/，打开 163 网站的免费电子邮箱页面，如图 6-19 所示。单击"注册网易免费邮"，弹出如图 6-20 所示的注册界面，按着注册向导的要求，即可注册一个新的电子邮箱地址。

图 6-19　163 网站的免费电子邮箱主页

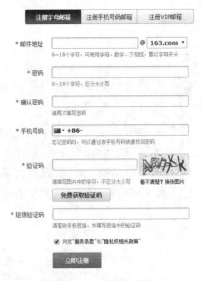

图 6-20　注册页面

如果注册成功，则会出现注册成功页面。否则会提示邮件地址已被注册，验证码错误等消息。

（2）登录。回到 http://mail.163.com/，即 163 登录界面，输入刚才成功注册的账号和密码，单击"登录"按钮即可进入个人邮箱页面，单击"收件箱"，出现如图 6-21 所示界面，在相关邮件上单击即可阅读邮件了。

图 6-21　个人邮箱页面

（3）电子邮件的撰写。要想给朋友发送邮件，具体操作步骤如下：

1）单击"写信"按钮，出现写邮件页面，如图 6-22 所示。

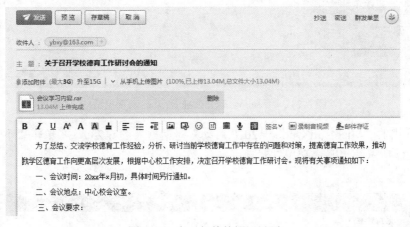

图 6-22　电子邮件的撰写界面

2）在"收件人"地址栏内填入收件人的邮件地址。

3）在"主题"文本框中输入信件的主题。

4）在正文区中输入邮件内容。

5）如果需要附加文件，可以单击"添加附件"链接文字，在打开的对话框中选择要添加的文件即可。

（4）单击"发送"按钮。邮件发送成功以后，出现邮件发送成功页面。

实训 2　Outlook Express 的配置与使用

实训内容

（1）配置电子邮件客户端工具 Outlook Express。

（2）电子邮件客户端工具 Outlook Express 的初步应用。

操作步骤

（1）启动 Outlook 2010。单击屏幕最左下角的"开始"按钮，选择"所有程序"→"Microsoft

Office"命令，单击"Microsoft Outlook 2010"选项。

（2）Outlook 2010 的配置。利用 Outlook 2010 收发邮件之前，首先要对 Outlook 2010 进行配置，具体操作步骤如下：

1）首次启动 Outlook 2010 后，弹出如图 6-23 所示的"Microsoft Outlook 2010 启动"对话框。

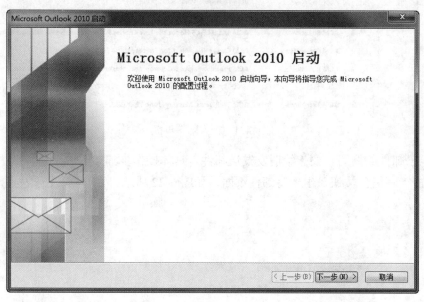

图 6-23 "Microsoft Outlook 2010 启动"对话框

2）在弹出的"Microsoft Outlook 2010 启动"对话框（图 6-23）中，单击"下一步"按钮，弹出如图 6-24 所示的"账户配置"对话框。

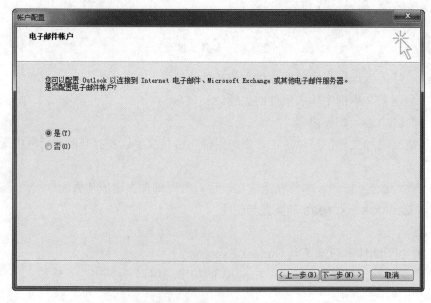

图 6-24 "账户配置"对话框

3）在如图 6-24 所示的对话框中选择"是"，单击"下一步"按钮，弹出如图 6-25 所示的"添加新账户"对话框。

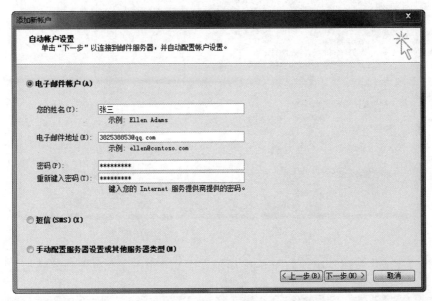

图 6-25 "添加新账户"对话框

4）在如图 6-25 所示的对话框中，选中"电子邮件账户"单选按钮，在"您的姓名""电子邮件地址""密码"处输入相应的信息，单击"下一步"按钮，弹出如图 6-26 所示的对话框。

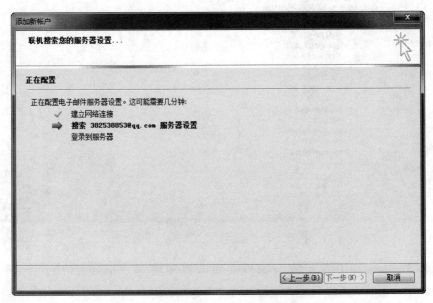

图 6-26 配置电子邮件服务器对话框

5）等待几分钟，电子邮件账户配置成功后如图 6-27 所示。

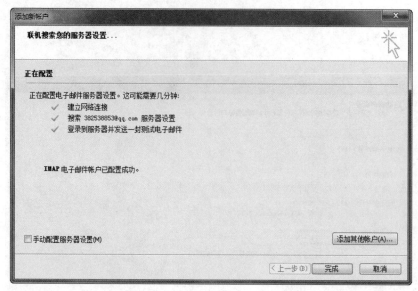

图 6-27　电子邮件账户配置成功对话框

6）单击"完成"按钮，出现如图 6-28 所示界面。一个电子邮件账户就添加完成了。

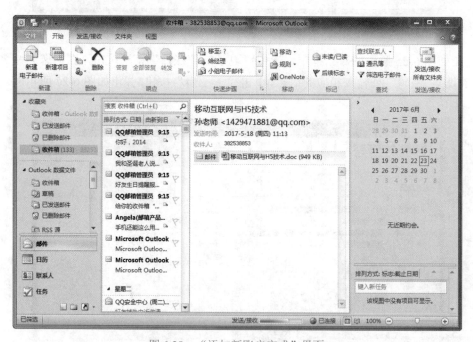

图 6-28　"添加新账户完成"界面

7）利用 Outlook 2010 进行收发邮件之前，首先要对 Outlook 2010 进行配置，启动 Outlook 2010 后，选择"文件"→"信息"→"添加账户"命令，还可以添加别的账户信息。

（3）利用 Outlook 2010 编辑与发送邮件。Outlook 2010 的邮件账号设置好以后，要撰写、发送邮件，具体操作步骤如下：

1）启动 Outlook 2010 后，选择"开始"→"新建电子邮件"命令，会弹出邮件撰写窗口，如图 6-29 所示。

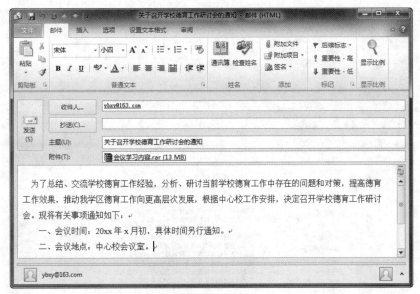

图 6-29　邮件撰写窗口

2）在"收件人"文本框内输入收件人的邮件地址。

3）在"主题"文本框内输入邮件的主题。

4）在正文区内输入邮件内容。

5）如果需要附加文件，可以单击工具栏中的"添加"→"附加文件"按钮，在打开的对话框中选择要添加的文件。

6）邮件写好以后，单击"发送"按钮即可发送邮件。

（4）利用 Outlook 2010 的接收与阅读邮件。用 Outlook 2010 接收、阅读邮件的具体操作步骤如下：

1）启动 Outlook 2010 后，选择"发送 / 接收"→"发送 / 接收所有文件夹"命令，Outlook 2010 就会自动将用户的所有邮件从服务器中接收下来，刚接收下来的邮件放在"收件箱"文件夹中，如图 6-30 所示。

2）在左侧的"文件夹"窗格中，单击相应账户的"收件箱"，中间窗格中列出所有收到的电子邮件。

3）单击其中的任意一封邮件，右侧窗格中将显示该邮件的内容。

4）若收到的邮件带有附件，则在邮件列表中的邮件标题左侧有"曲别针"图标，要阅读邮件附件或将附件保存到硬盘，可以双击附件，在打开的对话框中选择"保存"或"打开"按钮。单击"保存"按钮，在随后出现的对话框中选择保存位置，再单击"保存"按钮就可以将附件保存在自己计算机上。

（5）利用 Outlook 2010 回复与转发邮件。

1）在如图 6-30 所示的窗口中，在收件箱中选中要回复的邮件，单击工具栏上的"答复"按钮，就会打开回复窗口，不用输入收件人地址，只需输入答复内容即可发送。

2）在如图 6-30 所示的窗口中选中要转发的邮件，然后单击"转发"按钮，不用输入正文，只需输入收件人地址，单击"发送"按钮即可转发邮件。

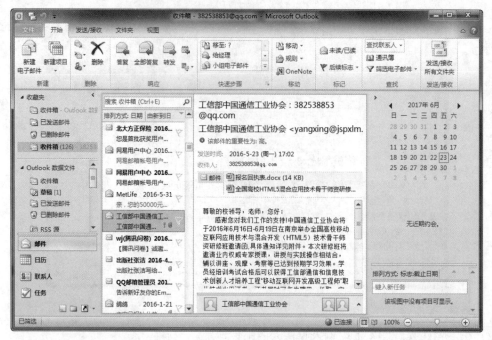

图 6-30　阅读邮件界面

（6）利用 Outlook 2010 建立和使用联系人和联系人组。可以为经常有邮件来往的人建立联系人和联系人组，发送邮件时可以免去输入收件人信箱地址的麻烦。

1）新建联系人。在如图 6-30 所示的窗口中单击窗口左侧文件夹列表的"联系人"按钮，则窗口如图 6-31 所示。单击"开始"→"新建"→"新建联系人"按钮，出现"新建联系人"窗口，如图 6-32 所示。

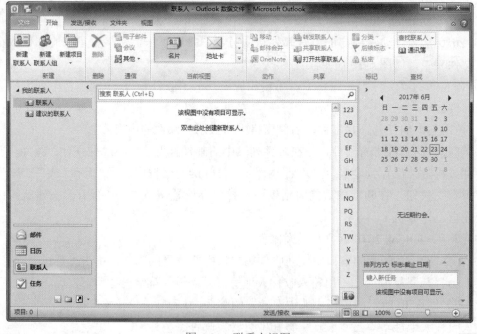

图 6-31　联系人视图

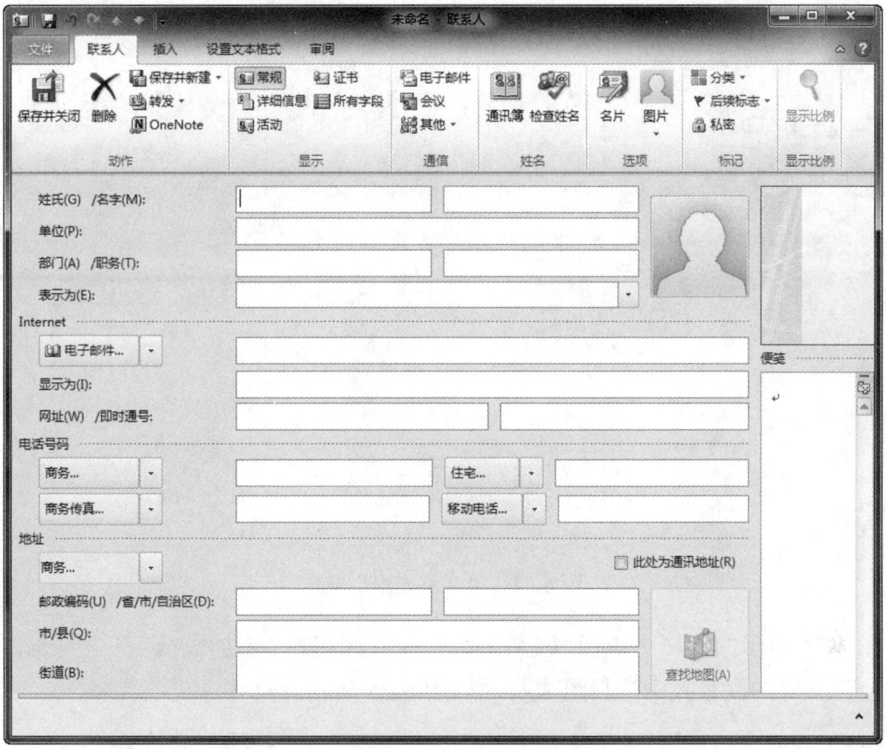

图 6-32　输入联系人信息

在图 6-32 所示的窗口中输入联系人姓名、邮件地址及其他相关信息，最好单击动作功能区中的"保存并新建"按钮，将建立的联系人信息保存起来，并建立新的联系人。若不再建立新的联系人则单击"保存并关闭"按钮结束联系人创建。新建联系人后的界面如图 6-33 所示。

图 6-33　建立的联系人

2）新建联系人组。在如图 6-33 所示的窗口中命令栏中单击"开始"→"新建联系人组"

按钮，出现"联系人组"窗口，如图 6-34 所示。

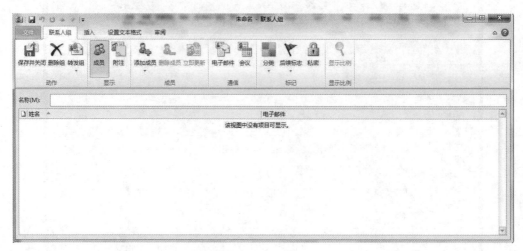

图 6-34 "联系人组"窗口

在如图 6-34 所示的窗口中执行"联系人组"→"成员"→"添加成员"→"从通讯簿"命令，可以在已经建立好的联系人中选择组成员，如图 6-35 所示。

图 6-35 "选择成员：联系人"对话框

在如图 6-35 所示的窗口中选择联系人，单击"成员"按钮，即可将已经建立的联系人添加到组。

3）使用联系人和联系人组。在如图 6-30 所示的窗口中，单击"开始"→"新建电子邮件"命令，如果要给已经建立的联系人或联系人组发送邮件，可以在命令栏中单击"邮件"→"通讯簿"按钮，出现已经建立的联系人和联系人组，如图 6-36 所示，双击要发送邮件的联系人或联系人组，则他们的邮件地址出现在"收件人"栏中。编辑好邮件内容后，单击"发送"按钮就可将邮件发送给联系人或联系人组。

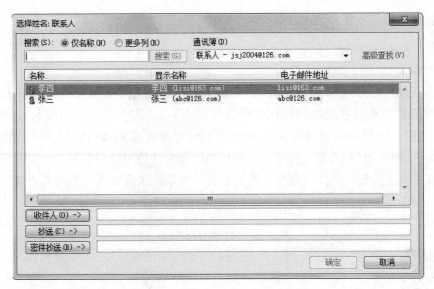

图 6-36 "选择姓名：联系人"对话框

三、思考与练习

1．申请一个 163 邮箱，登录 163 邮箱网站给你的同学发一封邮件。

2．配置好 Outlook 2010，利用 Outlook 2010 为自己建立一个账号。

3．利用新建的邮箱给你的同学发送一封带附件的邮件，同时让同学给你发送一封带附件的邮件。

4．接收同学的邮件并阅读，下载附件并打开附件浏览。

5．给你的同学回复邮件。

6．将同学发来的邮件转发给另一个同学。

7．建立 3 个联系人，建立一个联系人组，将 3 个联系人添加到联系人组。

8．给你建立的联系人组发送一封邮件。

实验三 对等网络的组建

一、实验目的

（1）掌握双绞线和 RJ-45 接头的排列，做交叉线和直连线。

（2）学会双绞线制作的方法。

（3）掌握基本网络配置的内容。

（4）掌握网络协议的安装及配置。

（5）掌握网络组件的安装方法。

（6）掌握网络连通性测试方法和技能。

（7）熟悉网卡，掌握如何在 Windows 下查看网卡的型号、MAC 地址、IP 地址等参数。

二、实验内容与步骤

实训1 双绞线的制作

实训内容

在制作双绞线时必须符合国际标准，双绞线制作标准有 T568A 和 T568B 两种，对线序排列有明确规定。两种双绞线制作标准的线序见表6-2，其中引针号如图 6-37 所示（注意 RJ-45 接头方向）。在实际应用中大家可能会注意到，只要两端 RJ-45 接头的导线序列一致（不按标准）即可通信，但当线缆长度增加及干扰源较强时，使用效果会越来越差，可能导致不能通信，这是线缆的物理特性决定的，所以建议一定要按国际标准线序制作连线，一般使用 T568B 标准制作连接线。

表 6-2　线序标准

引针号	1	2	3	4	5	6	7	8
T568A 标准	绿白	绿	橙白	蓝	蓝白	橙	棕白	棕
T568B 标准	橙白	橙	绿白	蓝	蓝白	绿	棕白	棕

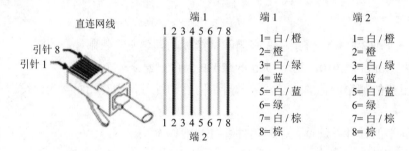

图 6-37　顺线连接对应图

在通常情况下，路由器（Router）、服务器或者工作站与集线器（Hub）或者交换机（Switch）相连，只需制作两头都是 T568B 标准的双绞线即可。而 Switch 之间或者是 Hub 与 Switch、Hub 与 Hub、路由器之间使用普通通信端口级联（用 Uplink 口相连则非交叉双绞线即可）以及两台 PC 直接相连，则需要制作交叉双绞线，此时连线一端按 T568A 标准制作，另一端按 T568B 标准制作即可。

操作步骤

1. 制作顺线（T568B）

顺线排序：

端1：橙白、橙、绿白、蓝、蓝白、绿、棕白、棕（T568B）。

端2：橙白、橙、绿白、蓝、蓝白、绿、棕白、棕（T568B）。

（1）剥线。用卡线钳刀口将双绞线端头剪齐，再将双绞线端头伸入剥线刀口，使线头触及前挡板，然后适度握紧卡线钳同时慢慢旋转双绞线，让刀口划开双绞线的保护胶皮，取出端头从而剥下保护胶皮。

（2）理线。首先用左手食指和拇指捏住双绞线不动，右手将双绞线按橙、绿、蓝、棕色依次分开；其次将半色线和全色线分开（半色线位于左边，全色线位于右边）；第三将全绿、全蓝两线交换位置；第四用右手将线用力排列整齐，如图 6-38 所示。

（3）插线。右手捏住水晶头，将水晶头有弹片的一侧向下，左手将已经捏平的双绞线稍稍用力平行插入水晶头内的线槽中，将 8 条导线顶端插入线槽顶端，如图 6-39 所示。

图 6-38 理线

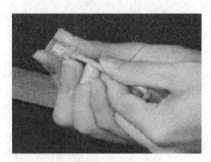
图 6-39 插线

（4）压线。确认所有导线都到位后，将水晶头放入压线钳夹槽中，用力捏几下压线钳，压紧线头即可，另一头做法一样，如图 6-40 所示。

图 6-40 压线

（5）检测。这里用的是测试仪。将双绞线两端分别插入信号发射器和信号接收器，打开电源。如果网线制作成功，则发射器和接收器上同一条线对应的指示灯会亮起来，依次从 1 到 8 号，如图 6-41 所示。

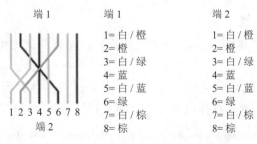

交叉网线
端 1
1 2 3 4 5 6 7 8
端 2

端 1
1= 白 / 橙
2= 橙
3= 白 / 绿
4= 蓝
5= 白 / 蓝
6= 绿
7= 白 / 棕
8= 棕

端 2
1= 白 / 橙
2= 橙
3= 白 / 绿
4= 蓝
5= 白 / 蓝
6= 绿
7= 白 / 棕
8= 棕

图 6-41 交叉线连接对应图

2．制作交叉线（T568A）

交叉线排序：

端 1：橙白、橙、绿白、蓝、蓝白、绿、棕白、棕（T568B）。

端 2：绿白、绿、橙白、蓝、蓝白、橙、棕白、棕（T568A）。

（1）制作端 1 的方法：按制作顺线的方法进行，如图 6-37 所示。

（2）制作端 2 的方法：双绞线由 8 根有色导线两两绞合而成，按照标准 T586A 的线序排列，整理完毕后用剪线刀口将前端修齐。

（3）（4）步骤与制作顺线方法相同，结果如图 6-42 所示。

（5）检测。将双绞线两端分别插入信号发射器和信号接收器，打开电源，如图 6-43 所示。如果网线制作成功，则发射器和接收器上同一条线对应的指示灯会亮起来，在 568B 端亮灯顺序依次为 $1-2-3-4-5-6-7-8$ 号，在 568A 端亮灯顺序依次为 $3-6-1-4-5-2-7-8$。

图 6-42　完成

图 6-43　检测

实训2　Windows 10 中组建对等型网络

对等网络（Peer to Peer）也称工作组模式，其特点是对等性，即网络中计算机功能相似，地位相同，无专用服务器，每台计算机相对网络中其他的计算机而言，既是服务器又是客户机，相互共享文件资源以及其他网络资源。

实训内容

（1）利用 Windows 下 IPConfig 命令查看网卡的基本参数的设置。

（2）PING 命令的使用。

（3）利用对等网络创建共享资源。

操作步骤

1. 参数的设置

（1）网卡是网络中不可缺少的网络设备，掌握其使用情况及如何设置其参数对网络的正常使用非常重要。

（2）根据实际情况设置好计算机的 IP 地址，具体设置方法参看前面实训"TCP/IP 协议的设置"。利用交换机组建对等网络（两台计算机间的对等网），连接方式如图 6-44 所示：将相邻的计算机通过网卡连接到交换机上，构成很小的对等网络。

（3）右击"网上邻居"→"属性"后右击"本地连接"→"属性"，双击"Internet 协议（TCP/IP）"，选择"使用下面的 IP 地址"，把 IP 地址设为"192.168.0.1/192.168.0.2"，把子网掩码设为"255.255.255.0"，单击"确定"按钮。

（4）右击"此电脑"→"属性"→"网络标识"→"属性"→计算机名（两台机器的计算机名要不同）→隶属于工作组（两台机器的工作组名要相同），单击"确定"按钮。

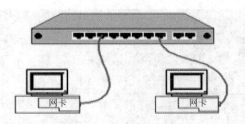

图 6-44 对等网络的连接

（5）单击"开始"→"设置"→"控制面板"→"管理工具"→"计算机管理"→"本地用户和组"→"用户"，双击"Guest"，去掉"账户已停用"前面的对号，单击"确定"按钮。

（6）右击需要共享的驱动器（比如 E 盘），选择"共享"→"共享该文件夹"（可以看到共享名为"E$"），单击下面的"新建共享"，在"共享名"栏里添上"E"，单击"确定"按钮。

2. IPConfig 的使用

（1）IPConfig 实用程序可用于显示当前的 TCP/IP 配置的设置值。这些信息一般用来检验人工配置的 TCP/IP 设置是否正确。但是，如果我们的计算机和所在的局域网使用了动态主机配置协议（DHCP），这时，IPConfig 可以让我们了解自己的计算机是否成功地租用到一个 IP 地址、是什么地址，并且了解计算机当前的 IP 地址、子网掩码和缺省网关。

（2）使用 IPConfig 命令。执行"开始"→"运行"→"cmd"→"IPConfig/all"命令，如图 6-45 所示。

图 6-45 任务"运行"对话框

（3）在"命令提示符"下输入 ipconfig/all（可以连续输入），然后按 Enter 键，界面将显示本机网卡的基本参数，如图 6-46 所示。

（4）记录你所用计算机的主机名（Host Name）、网卡型号（Description）、网卡物理地址（Physical Address）、IP 地址（IP Address）、子网掩码（Subnet Mask）、缺省网关（Default Gateway）。

（5）在桌面"网络"的图标上右击，弹出的快捷菜单中选择"属性"命令。在打开的窗口中的"本地连接"图标上右击，打开"本地联机"图标，在"此连接使用下列项目"列表中会出现网卡和 TCP/IP 协议组件（图 6-1）。双击"Internet 协议版本 4（TCP/IPv4）"选项，将打开如图 6-2 所示的对话框，通过该窗口可查看并设置本机的 IP 地址、缺省网关等网络参数。

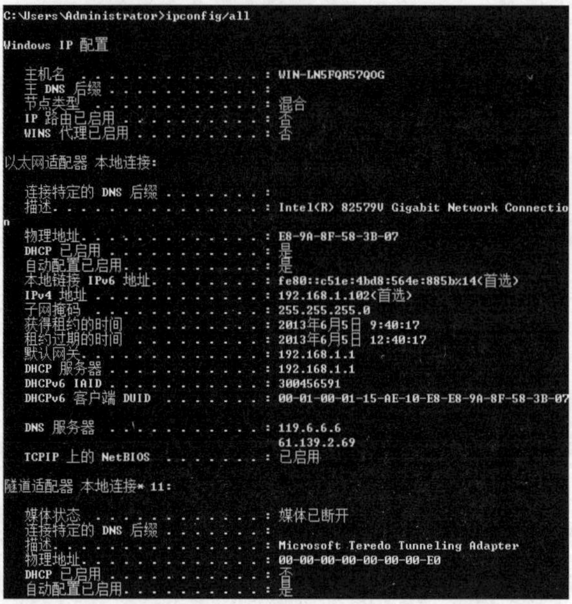

图 6-46　主机网络基本参数

注意：IP 地址为计算机在网络中的身份证，所以不能重复。

3.　PING 命令的使用

PING 是个使用频率极高的实用程序，用于确定本地主机是否能与另一台主机交换（发送与接收）数据报。根据返回的信息，就可以推断 TCP/IP 参数是否设置得正确以及运行是否正常。执行"开始"→"运行"，在弹出的对话框中输入 CMD，然后单击"确定"按钮，将进入黑白屏幕的 DOS 界面。在命令提示符下输入以下命令：

（1）PING 127.0.0.1（本地回路测试）。127.0.0.1 是本地循环地址，如果本地址无法 PING 通，则表明本地机 TCP/IP 协议不能正常工作，如图 6-47 所示。

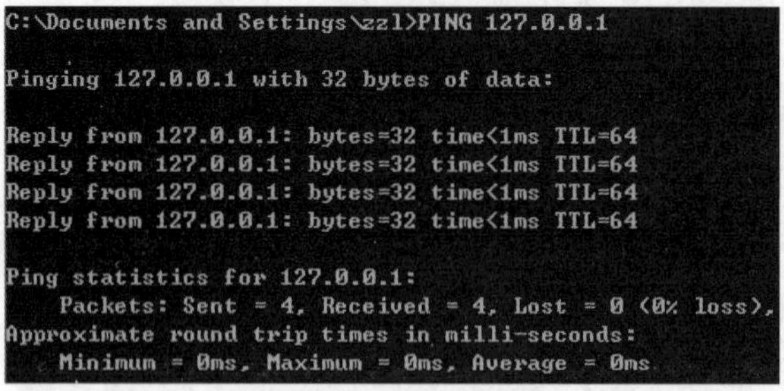

图 6-47　"PING 127.0.0.1"结果界面

（2）PING 本机 IP（验证 TCP/IP 协议正确性）。通则表明网络适配器（网卡或 MODEM）工作正常，不通则说明网络适配器出现故障。若显示的是"Reply from x.x.x.x（本机 IP）：bytes=32 time<1ms TTL=64"则说明正常。此命令用来检测网卡工作是否工作正常。

（3）PING localhost。localhost 是工作系统的网络保留名，它是 127.0.0.1 的别名，每台计算机都应该能够将该名字转换成该地址。如果没有做到则表示主机文件（/Windows/host）中存在问题。

（4）PING 同网段计算机的 IP。PING 一台同网段计算机的 IP，不通则表明网络线路出现故障；若网络中还包含有路由器，则应先 PING 路由器在本网段端口的 IP，不通则此段线路有问题；通则再 PING 路由器在目标计算机所在网段的端口 IP，不通则是路由器出现故障；通则再 PING 目的机 IP 地址。此命令用于测试本机与对方主机之间的连接情况。

（5）PING 网关 IP。这个命令如果应答正确，表示局域网中的网关路由器正在运行并能够作出应答。

（6）PING 远程 IP。如果收到 4 个应答，表示成功地使用了缺省网关。对于拨号上网用户则表示能够成功地访问 Internet（但不排除 ISP 的 DNS 会有问题）。

（7）PING www.×××.com（如 www.163.com 网易）。对 Ping www.×××.com 这个域名执行 PING 命令，通常是通过 DNS 服务器执行此命令，如果出现故障，则表示 DNS 服务器的 IP 地址配置不正确或 DNS 服务器有故障。也可以利用该命令实现域名对 IP 地址的转换功能。

（8）PING IP -t。连续对 IP 地址执行 PING 命令，直到被用户以 Ctrl+C 组合键中断。

（9）PING IP -l 3000。指定 PING 命令中的数据长度为 3000 字节，而不是缺省的 32 字节。

（10）PING IP -n。执行特定次数的 PING 命令。

4．创建共享资源

在网络环境下，用户经常要访问非本机的资源，这可以通过共享文件夹来实现。完成此功能需设置用户的访问权限，供用户通过网络使用。在设置共享前，应先考虑并确定所需要进行共享的资源有哪些？共享资源的性质是一般设备（如 CD-ROM、软驱或打印机）还是文件资源？如果是文件资源，其属性是只读的还是可以修改（允许文件写入）的？

（1）创建共享文件夹。右键选择想要共享的文件夹或驱动器的盘符，在弹出的菜单中选择"属性"→"共享"→"高级共享"，如图 6-48 所示。

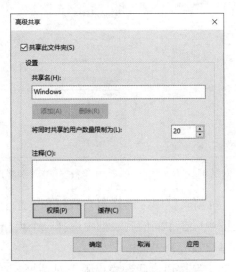

图 6-48　"高级共享"对话框

在"共享名"文本框中输入共享名称。默认的"共享名"是文件夹的名称。在"注释"文本框中输入描述性信息。在"将同时共享的用户数量限制为"项中设置最多可以连接的用户数目，单击"确定"按钮，完成共享文件夹的创建。

（2）设置共享权限。只有为共享文件夹设置了共享权限后，其他用户才可以通过网络使用共享的文件夹及其子文件夹和文件。共享权限包含以下 3 种：

- 读取：允许显示子文件夹名称、文件名称、读文件内容、运行应用程序，但没有删除和修改的权限。
- 更改：允许创建子文件夹、创建文件、修改文件、修改文件属性、删除子文件夹和文件，以及执行"读取"权限所允许的操作。
- 完全控制：允许修改文件权限，获得文件的所有权，执行"读取"和"更改"权限所允许的所有操作。

注意：Everyone 组对于所有的共享文件夹具有完全控制的权限。如果只允许一部分用户访问共享文件夹，应该将 Everyone 组删除。

设置共享文件夹权限的操作步骤如下：

1）在"高级共享"对话框（图 6-48）中单击"权限"按钮，出现"权限"对话框，如图 6-49 所示，可以在该对话框中给用户或组指定访问权限。

2）单击"添加"按钮，出现"选择用户或组"对话框，如图 6-50 所示，可以在该对话框中指定要共享该文件夹的用户或组。

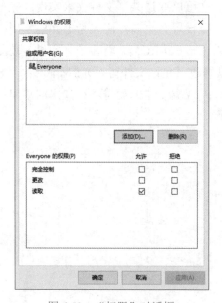

图 6-49 "权限"对话框

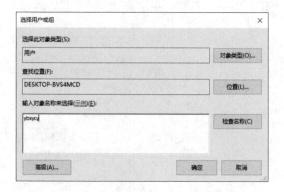

图 6-50 "选择用户或组"对话框

3）在"查找位置"的下拉列表框中，选择用户或组所在的计算机，该计算机所拥有的用户或组出现在中间的列表框中；在中间的列表框中选择一个用户或组并单击"确定"按钮，便将该用户或组添加到"共享权限"列表框中。

4）单击图 6-50 中的"确定"按钮，回到"权限"对话框。在"权限"对话框中，可以为用户或组指定权限。

（3）使用共享文件夹。具有操作权限的用户可以通过"网络"或映射网络驱动器的方式使用共享文件夹。

1）通过"网络"使用共享文件夹的方法：

a．在桌面上双击"网络"，弹出"网络"窗口。

b．双击"整个网络"，出现该网络环境下的所有计算机。

c．双击一个计算机图标，便打开该计算机中所包含的所有可共享的资源。依据用户的共享权限可以进行相应的共享操作。

对于经常使用的远程计算机的共享文件夹，可以为其指定一个驱动器符，之后就可以像使用本地驱动器一样使用该共享文件夹。

2）直接输入"机器名"或"IP 地址"使用共享文件夹的方法：

在桌面上双击"此电脑"，在弹出的窗口的地址栏中输入"\\ 目标机器的机器名"，或者在地址栏中输入"\\ 目标机器的 IP 地址"，将显示除对方主机的共享情况。

三、思考与练习

1．能否判别双绞线连接水晶头是哪根线出错？怎么判断？

2．IP 地址的设置会影响局域网的访问吗？

3．怎样设置共享目录对访问者的权限限制？

计算机基础习题集

第一部分 计算机与信息技术习题

一、判断题（对的打√，错的打×）

1. 计算机软件分为基本软件、计算机语言和应用软件三大部分。　　　　（　　）
2. 计算机系统包括软件系统和硬件系统两大部分。　　　　　　　　　（　　）
3. 高级语言程序有两种工作方式：编译方式和解释方式。　　　　　　（　　）
4. 控制器通常又称中央处理器，简称 CPU。　　　　　　　　　　　（　　）
5. "计算机辅助教学"的英文缩写是 CAT。　　　　　　　　　　　　（　　）
6. 电子管是第一代计算机的核心部件。　　　　　　　　　　　　　　（　　）
7. 计算机系统由 CPU、内存储器和输入输出设备组成。　　　　　　　（　　）
8. 任何存储器都有记忆功能，即其中的信息不会丢失。　　　　　　　（　　）
9. 汇编语言是各种计算机机器语言的总称。　　　　　　　　　　　　（　　）
10. 通常把控制器、运算器、存储器、输入和输出设备合称为计算机系统。（　　）
11. 计算机的指令是一组二进制代码，是计算机可以直接执行的操作命令。（　　）
12. 程序是能够完成特定功能的一组指令序列。　　　　　　　　　　　（　　）
13. 汇编语言是机器指令的纯符号表示。　　　　　　　　　　　　　　（　　）
14. 所有高级语言使用相同的编译程序完成翻译工作。　　　　　　　　（　　）
15. Visual C++ 语言属于计算机低级语言。　　　　　　　　　　　　（　　）
16. 存储器中的信息既可以是指令，也可以是数据。　　　　　　　　　（　　）
17. 一般来说，不同的计算机具有的指令系统和指令格式不同。　　　　（　　）
18. 应用软件的编制及运行必须在系统软件的支持下进行。　　　　　　（　　）
19. 应用软件全部由最终用户自己设计和编写。　　　　　　　　　　　（　　）
20. 计算机与计算器的差别主要在于中央处理器速度的快慢。　　　　　（　　）
21. 计算机语言分为三类：机器语言、低级语言和高级语言。　　　　　（　　）
22. 在主机电源接通的情况下，不要插拔各种接口卡或电缆线，不要搬动机器，以免损坏主机器件。　　　　　　　　　　　　　　　　　　　　　　　　　　　（　　）
23. 只有用机器语言编写的程序才能被计算机直接执行。　　　　　　　（　　）
24. 程序一定要调入内存后才能运行。　　　　　　　　　　　　　　　（　　）
25. 磁盘既可作为输入设备又可作为输出设备。　　　　　　　　　　　（　　）
26. 系统软件包括操作系统、语言处理程序和各种服务程序等。　　　　（　　）
27. 所有微处理器的指令系统是通用的。　　　　　　　　　　　　　　（　　）
28. 在使用计算机时经常使用十进制数，因为计算机是采用十进制进行运算的。（　　）

29. 我们衡量一个文件的大小、信息量的多少都是以"位"为单位的。 （　　）

30. 计算机内部最小的信息单位是"位"。 （　　）

31. 在计算机内部，无法区分数据的正负，只有在显示时才能区分。 （　　）

32. 在计算机内部，机器数的最高位为符号位，该位用 1 表示该数为负数。 （　　）

33. 在计算机中，利用二进制数表示指令和字符，用十进制数表示数字。 （　　）

34. 计算机内数据的运算可以采用二进制、八进制或十六进制形式。 （　　）

35. ASCII 编码是专用于表示汉字的机内码。 （　　）

36. 采用 ASCII 编码，最多能表示 128 个字符号。 （　　）

37. 每个 ASCII 码的长度是 8 位二进制位，因此每个字节是 8 位。 （　　）

38. 计算机的字长是指一个汉字在计算机内部存放时所需的二进制位数。 （　　）

39. ASCII 码的作用是把要处理的字符转换为二进制代码，以便计算机进行传送和处理。 （　　）

40. 对于特定的计算机，每次存放和处理的二进制的位数是可以变化的。 （　　）

41. "裸机"是指不含外部设备的主机。 （　　）

42. 所有微处理器的指令系统是通用的。 （　　）

43. 存储器中的信息可以是指令，也可以是数据，计算机是靠 CPU 执行程序的过程来判别的。 （　　）

44. 八进制数 170 对应的二进制数是 11110011。 （　　）

45. 二进制数 01100101 转换成十六进制数是 65。 （　　）

46. 操作码提供的是操作控制信息，指明计算机应执行什么性质的操作。 （　　）

47. 负责存储各项程序及数据的装置称为存储器。 （　　）

48. 二进制数 01100101 转换成十进制数是 101。 （　　）

49. 操作系统的功能之一是建立人机交互平台。 （　　）

50. 010001011 对应的十进制数是 57。 （　　）

51. 第四代计算机采用的是小规模集成电路，即 SSI。 （　　）

52. 在进位计数系统中，如果用 r 个基本数字符号，则称这种编码为基 r 数制。 （　　）

53. 在计算机处理和存储数据的过程中，数据以二进制的方式表现。 （　　）

54. 正数的原码、反码和补码都是它本身。 （　　）

55. 运算器只能进行算术运算，而不能进行逻辑运算。 （　　）

56. 内存储器又叫内存或主存，它是由 ROM 芯片构成的。 （　　）

57. 1KB 等于 8000bit。 （　　）

58. DRAM 指的是静态随机存储器。 （　　）

59. 像素就是屏幕上的一个发光点。 （　　）

60. CGA 是早期的一种单色显示标准。 （　　）

二、单项选择题

1. 在软件方面，第一代计算机主要使用（　　）。

　　A. 机器语言　　　　　　　　　　B. 高级程序设计语言

C. 数据库管理系统　　　　　　　D. BASIC 和 FORTRAN

2. 一个完整的计算机系统通常应包括（　　）。

　　A. 系统软件和应用软件　　　　　B. 计算机及其外部设备

　　C. 硬件系统和软件系统　　　　　D. 系统硬件和系统软件

3. 计算机辅助教学的英文缩写是（　　）。

　　A. CAD　　　　　B. CAI　　　　　C. CAM　　　　　D. CAT

4. 计算机的存储系统通常包括（　　）。

　　A. 内存储器及外存储器　　　　　B. 软盘和硬盘

　　C. ROM 和 RAM　　　　　　　　D. 内存和硬盘

5. 在计算机内部，计算机能够直接执行和程序语言是（　　）。

　　A. 汇编语言　　　　B. C++ 语言　　　　C. 机器语言　　　　D. 高级语言

6. 第一代到第四代计算机使用的基本元件分别是（　　）。

　　A. 晶体管、电子管、中小规模集成电路、大规模集成电路

　　B. 晶体管、电子管、大规模集成电路、超大规模集成电路

　　C. 电子管、晶体管、中小规模集成电路、大规模集成电路

　　D. 晶体管、电子管、大规模集成电路、超大规模集成电路

7. 计算机 CPU 象征着计算机的档次，CPU 中除包含运算器，还包含（　　）。

　　A. 控制器　　　　B. 存储器　　　　C. 显示器　　　　D. 处理器

8. CAD 是计算机（　　）的缩写。

　　A. 辅助设计　　　　B. 辅助制造　　　　C. 辅助测试　　　　D. 辅助教学

9. 运算器是计算机中的核心部件之一，主要用于完成（　　），它从存储器中取得参与运算的数据，运算完成后，把结果又送到存储器中，通常把运算器和控制器合称为 CPU。

　　A. 算术逻辑运算　　　　　　　　B. 中断处理

　　C. 控制磁盘读写　　　　　　　　D. 传送控制信息

10. 计算机键盘上的 F1 ～ F12 一般被称为计算机的（　　）。

　　A. 帮助键　　　　B. 功能键　　　　C. 编辑键　　　　D. 锁定键

11. 只有（　　）的计算机被称为"裸机"。

　　A. 软件　　　　B. 硬件　　　　C. 外围设备　　　　D. CPU

12. 计算机执行的指令和数据存放在机器的（　　）中。

　　A. 运算器　　　　B. 存储器　　　　C. 控制器　　　　D. 输入、输出设备

13. 微型计算机中，I/O 设备的含义是（　　）。

　　A. 输入设备　　　　　　　　　　B. 输出设备

　　C. 输入、输出设备　　　　　　　D. 控制设备

14. 一般情况下，断电后外存储器中存储的信息（　　）。

　　A. 局部丢失　　　　B. 大部分丢失　　　　C. 全部丢失　　　　D. 不会丢失

15. 目前普遍使用的微型计算机所采用的逻辑元件是（　　）。

　　A. 电子管　　　　　　　　　　　B. 大规模或超大规模集成电路

　　C. 晶体管　　　　　　　　　　　D. 小规模集成电路

16. 显示器是计算机的（　　）。

　　A. 终端　　　　　B. 外部设备　　　C. 输入设备　　　　D. 主机组成部分

17. 微型计算机属于（　　）。

　　A. 数字计算机　　　　　　　　B. 模拟计算机

　　C. 数字、模拟相结合计算机　　D. 电子管计算机

18. 操作系统的主要功能是（　　）。

　　A. 实现软件、硬件转换　　　　B. 管理所有的软、硬件资源

　　C. 把源程序转换为目标程序　　D. 进行数据处理

19. 下列叙述中正确的是（　　）。

　　A. 操作系统是一种重要的应用软件

　　B. 外存中的信息可直接被 CPU 处理

　　C. 用机器语言编写的程序可以由计算机直接执行

　　D. 电源关闭后，ROM 中的信息立即丢失

20. 应用软件是（　　）。

　　A. 为解决具体应用问题而编写的软件

　　B. 能被各应用单位共同使用的某种特殊软件

　　C. 为协调计算机硬件工作而编写的软件

　　D. 所有微机上都应使用的基本软件

21. 微型计算机的发展是以（　　）技术为特征标志。

　　A. 存储器　　　　B. 操作系统　　　C. 微处理器　　　　D. 显示器和键盘

22. 微型计算机的总线一般由（　　）组成。

　　A. 数据总线、地址总线、通信总线

　　B. 数据总线、控制总线、逻辑总线

　　C. 数据总线、地址总线、控制总线

　　D. 通信总线、地址总线、逻辑总线、控制总线

23. 以下不属于高级语言的是（　　）。

　　A. Fortran 语言　　　　　　　B. BASIC 语言

　　C. 汇编语言　　　　　　　　　D. Pascal 语言

24. 以下关于计算机特点的论述中错误的是（　　）。

　　A. 运算速度快、精度高　　　　B. 具有记忆功能

　　C. 能进行精确的逻辑判断　　　D. 无需软件即可实现模糊处理和逻辑推理

25. 下列存储器中，存取速度最快的是（　　）。

　　A. 软盘　　　　　B. 硬盘　　　　　C. 光盘　　　　　　D. 内存

26. 字长是 CPU 的主要技术性能指标之一，它表示的是（　　）。

　　A. CPU 的计算结果的有效数字长度

　　B. CPU 一次能处理二进制数据的位数

　　C. CPU 能表示的最大的有效数字位数

　　D. CPU 能表示的十进制整数的位数

27. 汉字输入码可分为有重码和无重码两类，下列属于无重码类的是（　　）。
    A．全拼码　　　　　B．自然码　　　　　C．区位码　　　　　D．简拼码

28. 应用软件是指（　　）。
    A．系统软件和字处理软件　　　　　B．操作系统和程序设计语言
    C．所有微机上都能使用的基本软件　D．专门为某一应用目的而编制的软件

29. 计算机软件系统一般包括（　　）。
    A．系统软件和字处理软件　　　　　B．操作系统和应用软件
    C．系统软件和应用软件　　　　　　D．应用软件和管理软件

30. 常用主机的（　　）来反映微机的速度指标。
    A．存取速度　　　B．时钟频率　　　C．内存容量　　　D．字长

31. 计算机的 CPU 每执行一个（　　），就完成一步基本运算或判断。
    A．语句　　　　B．指令　　　　C．程序　　　　D．软件

32. 在微机系统中，最基本的输入输出模块 BIOS 存放在（　　）中。
    A．RAM　　　　B．ROM　　　　C．硬盘　　　　D．寄存器

33. 在微型计算机中运算器的主要功能是进行（　　）。
    A．算术运算　　　　　　　　　B．逻辑运算
    C．算术和逻辑运算　　　　　　D．初等函数运算

34. 用某种高级语言编制的程序称为（　　）。
    A．用户程序　　　B．可执行程序　　　C．目标程序　　　D．源程序

35. 计算机内存储器一般由（　　）组成。
    A．半导体器件　　　B．硬质塑料　　　C．铝合金器材　　　D．金属膜

36. 计算机通常称作 386、486、586 机，这是指该机配置的（　　）。
    A．总线标准的类型　　　　　　B．CPU 的型号
    C．CPU 的速度　　　　　　　　D．内存容量

37. 在以下关于"计算机指令"的叙述中，正确的是（　　）。
    A．指令就是程序的集合
    B．指令是一组十进制或十六进制代码
    C．指令通常由操作码和操作数两部分组成
    D．具有与计算机相同的指令格式

38. CPU 进行运算和处理的最有效长度称为（　　）。
    A．字节　　　　B．字长　　　　C．位　　　　D．字

39. 第三代计算机的硬件逻辑元件采用（　　）。
    A．晶体管　　　　　　　　　B．集成电路
    C．大规模集成电路　　　　　D．超大规模集成电路

40. 数字小键盘区既可作数字键也可用作编辑键，通过按（　　）键可进行转换。
    A．Shift　　　　B．Num Lock　　　C．Caps Lock　　　D．Insert

41. 计算机工作时，内存储器用来存储（　　）。
    A．程序和指令　　　B．数据和信号　　　C．程序和数据　　　D．ASCII 码和汉字

42．以下叙述中正确的是（　　）。

A．操作系统是软件和硬件之间的接口

B．操作系统是程序和目标程序之间的接口

C．操作系统是用户和计算机之间的接口

D．操作系统是主机和外设之间的接口

43．计算机操作系统是对计算机软、硬件资源进行管理和控制的系统软件，也为（　　）之间交通信息提供方便。

A．软件和硬件　　　　　　　　B．主机和外设

C．计算机和控制对象　　　　　D．用户和计算机

44．下列关于微型计算机的叙述中，正确的是（　　）。

A．微型计算机是第三代计算机

B．微型计算机以微处理器为核心，配有存储器、输入输出接口电路、系统总线

C．微型计算机是运算速度超过每秒 1 亿次的计算机

D．微型计算机以半导体器件为逻辑元件，以磁芯为存储器

45．和外存相比，内存的主要特征是（　　）。

A．存储正在运行的程序　　　　B．能存储大量信息

C．能长期保存信息　　　　　　D．能同时存储程序和数据

46．一个字长为 8 位的无符号二进制整数能表示的十进制数值范围是（　　）。

A．0～256　　　B．0～255　　　C．1～256　　　D．1～255

47．计算机最主要的工作特点是（　　）。

A．高速度　　　　　　　　　　B．高精度

C．存储程序与程序控制　　　　D．记忆力强

48．计算机系统中软件与硬件（　　）。

A．相互独立

B．由硬件决定计算机系统的功能强弱

C．二者相互依靠支持，共同决定计算机系统的功能强弱

D．以上均不正确

49．在描述计算机的主要性能指标中，字长、存储容量和运算速度应属于（　　）的性能指标。

A．硬件系统　　　　　　　　　B．CPU

C．软件系统　　　　　　　　　D．以上说法均不正确

50．BASIC 语言编制的源程序要变为目标程序，必须经过（　　）。

A．汇编　　　B．解释　　　C．编辑　　　D．编译

51．下面关于机器语言的叙述不正确的是（　　）。

A．机器语言编写的程序是机器化代码的集合

B．机器语言是第一代语言，从属于硬件设备

C．机器语言程序执行效率高

D．机器语言程序需要编译后才能运行

52. 为了避免混淆，在书写八进制数时常常要在数值后面加字母（　　）。

    A．H　　　　　　B．O　　　　　　C．D　　　　　　D．B

53. 在计算机软件系统中，衡量文件大小的单位是（　　）。

    A．二进制位　　　B．字节　　　　　C．字　　　　　　D．汉字数

54. 对于任意 R 进制的数，其每一个数位可以使用的数字符号个数为（　　）。

    A．10个　　　　　B．R–1个　　　　C．R个　　　　　D．R+1个

55. 在计算机内部，一切信息的存取、处理与传送均采用（　　）。

    A．二进制　　　　B．十六进制　　　C．BCD 码　　　　D．ASCII 码

56. 汉字的区位码由一个汉字的区号和位号组成，区号和位号的范围为（　　）。

    A．区号 1～95，位号 1～95　　　　B．区号 1～94，位号 1～94

    C．区号 0～94，位号 0～94　　　　D．区号 0～95，位号 0～95

57. （　　）不是计算机内采用二进制数的原因。

    A．两个状态的系统容易实现，成本低

    B．运算法则简单

    C．可以进行逻辑运算

    D．十进制数无法在计算机中实现

58. 在计算机中，一个字节不可表示为（　　）。

    A．2 位十六进制数　　　　　　　B．3 位八进制数

    C．一个 ASCII 码字符　　　　　　D．256 种状态

59. 字长为 8 位（包括一位符号位），其机器数可以表示的最大十进制正整数是（　　）。

    A．255　　　　　B．256　　　　　C．128　　　　　D．127

60. 英文字母 "A" 与 "a" 的 ASCII 码值的关系是（　　）。

    A．A 的 ASCII 码 > a 的 ASCII 码　　　B．A 的 ASCII 码 < a 的 ASCII 码

    C．A 的 ASCII 码 >= a 的 ASCII 码　　　D．无法比较

61. 在计算机中中文字符编码采用的是（　　）。

    A．拼音码　　　　B．国标码　　　　C．ASCII 码　　　D．BCD 码

62. 在计算机中，机器数的正、负号用（　　）表示。

    A．"+" 和 "-"　　　　　　　　　B．"0" 和 "1"

    C．其他专用的指示　　　　　　　D．不能表示

63. 下面关于计算机基本概念的说法中，正确的是（　　）。

    A．微机内存容量的基本计量单位是字符

    B．1GB=1024KB

    C．二进制数中右起第 10 位上的 1 相当于 21

    D．1TB=1024GB

64. 五笔字型输入法属于（　　）。

    A．数字编码法　　B．字音编码法　　C．字型编码法　　D．形间编码法

65. 对于 r 进制数，第一位上的数字可以有（　　）个。

    A．r　　　　　　B．r-1　　　　　C．r/2　　　　　D．r+1

66. 微型计算机中，普遍使用的字符编码是（　　　）。

    A. 补码　　　　　　B. 原码　　　　　　C. ASCII 码　　　　　　D. 汉字编码

67. 二进制数 $(11001001)_2+(00100111)_2$ 等于（　　　）。

    A. $(11101111)_2$　　　　　　　　　　B. $(11110000)_2$

    C. $(00000001)_2$　　　　　　　　　　D. $(10100010)_2$

68. 二进制数 $(1101)_2*(101)_2$ 等于（　　　）。

    A. $(1000111)_2$　　　　　　　　　　B. $(1010101)_2$

    C. $(10000100)_2$　　　　　　　　　　D. $(1000001)_2$

69. 二进制数 1100000 对应的十进制数是（　　　）。

    A. 384　　　　　　B. 192　　　　　　C. 96　　　　　　D. 71

70. 下列字符中，ASCII 码值最小的是（　　　）。

    A. a　　　　　　B. A　　　　　　C. 0　　　　　　D. 空格

71. 已知英文字母 A 的 ASCII 码值为 65，那么英文字母 Q 的 ASCII 码值是（　　　）。

    A. 51　　　　　　B. 81　　　　　　C. 73　　　　　　D. 94

72. 十进制数 127 转换为八进制数是（　　　）。

    A. 157　　　　　　B. 167　　　　　　C. 177　　　　　　D. 207

73. 十六进制数 112 转换为八进制数是（　　　）。

    A. 352　　　　　　B. 422　　　　　　C. 442　　　　　　D. 502

74. 一个 16 位机的一个字节长度是（　　　）。

    A. 8 个二进制位　　　　　　　　　　B. 16 个二进制位

    C. 2 个二进制位　　　　　　　　　　D. 不定长

75. 八进制数 127 转换为二进制数是（　　　）。

    A. 1111111　　　　B. 11111111　　　　C. 1010111　　　　D. 1100111

76. 在以下四个不同进制的数中，数值最小的是（　　　）。

    A. 二进制数 01000101　　　　　　　　B. 八进制数 101

    C. 十进制数 67　　　　　　　　　　　D. 十六进制数 4B

77. 二进制数 101110 转换为等值的八进制数是（　　　）。

    A. 45　　　　　　B. 56　　　　　　C. 67　　　　　　D. 78

78. 现代计算机的基本结构被称为冯·诺依曼结构，其突出的特点是（　　　）。

    A. 集中的顺序控制　　　　　　　　　B. 并行控制

    C. 程序存储控制　　　　　　　　　　D. 分时控制

79. 通常所说的主机主要包括（　　　）。

    A. CPU　　　　　　　　　　　　　　B. CPU 和内存

    C. CPU、内存与外存　　　　　　　　D. CPU、内存与硬盘

80. 在微型计算机中，访问速度最快的存储器是（　　　）。

    A. 硬盘　　　　　　B. 软盘　　　　　　C. RAM　　　　　　D. 光盘

81. 小写字母 a 的 ASCII 码值是 1100001，1100100 是字母（　　　）的 ASCII 码值。

    A. E　　　　　　B. d　　　　　　C. D　　　　　　D. c

82. 计算机能直接执行的程序设计语言是（　　）。

    A. C 语言　　　　　B. BASIC 语言　　　C. 汇编语言　　　　D. 机器语言

83. 计算机中的基本信息单位是（　　）。

    A. 字　　　　　　　B. 字节　　　　　　C. 位　　　　　　　D. ASCII 码

84. 下面关于 PC 机 CPU 的叙述中，不正确的是（　　）。

    A. CPU 是 PC 机中不可缺少的组成部分，它担负着运行系统软件的应用软件的任务

    B. 为了暂存中间结果，CPU 中包含几十个甚至上百个寄存器，用来临时存放数据

    C. CPU 中至少包含 1 个处理器，为了提高计算机速度，CPU 也可以由 2 个、4 个、8 个或更多个处理器组成

    D. 所有 PC 机的 CPU 都具有相同的机器指令

85. （　　）存储器是可读可写的，但关机后其中的信息自动丢失。

    A. HARD DISK　　　　　　　　　　B. CD-ROM

    C. ROM　　　　　　　　　　　　　D. RAM

86. 下面各种说法中错误的是（　　）。

    A. ASCII 码是在微机内表示英文字符的方法

    B. 一个汉字的机内码与一个西文字符的 ASCII 码字节数相同

    C. 五笔字型不是在微机内表示汉字的方法

    D. 汉字的区位码与汉字的机内码不相同

87. 第二代电子计算机采用（　　）为基本器件。

    A. 晶体管　　　　　　　　　　　　B. 电子管

    C. 大规模集成电路　　　　　　　　D. 具有很高的人工智能的新一代

88. 存储一个 24×24 点的汉字字形码需要（　　）。

    A. 32 字节　　　　B. 48 字节　　　　C. 64 字节　　　　D. 72 字节

89. 冯·诺依曼计算机工作原理的设计思想是（　　）。

    A. 程序设计　　　　B. 程序存储　　　　C. 程序编制　　　　D. 算法设计

90. 下列字符中，ASCII 码值最大的是（　　）。

    A. w　　　　　　　B. Z　　　　　　　C. A　　　　　　　D. 9

91. "32 位微机"中的 32 指的是（　　）。

    A. 微机型号　　　　B. 机器字长　　　　C. 内存容量　　　　D. 存储单位

92. 目前微机上配备的光盘多为（　　）。

    A. 只读　　　　　　B. 可读可写　　　　C. 一次性擦写　　　D. 只擦

93. 加工处理汉字信息时，使用汉字的（　　）。

    A. 外码　　　　　　B. 字型码　　　　　C. 机内码　　　　　D. 国标码

94. 二进制数 110101 中右起第 5 位数字是"1"，它的"权"值是（　　）。

    A. 26　　　　　　　B. 25　　　　　　　C. 24　　　　　　　D. 21

95. 计算机的电源切断之后，存储内容全部消失的存储器是（　　）。

    A. 软磁盘　　　　　　　　　　　　B. 只读存储器

    C. 硬盘　　　　　　　　　　　　　D. 随机存储器

96. 计算机辅助设计的英文缩写为（   ）。

    A．CAT   B．CAM   C．CAD   D．CAI

97. 二进制数 01100100 对应的十进制数是（   ）。

    A．011   B．100   C．010   D．99

98. 字长为 8 位的计算机，它能表示的无符号整数的范围是（   ）。

    A．0～127   B．0～255   C．0～512   D．0～65535

99. 根据软件的用途，计算机软件一般可分为（   ）。

    A．系统软件和非系统软件   B．系统软件和应用软件

    C．应用软件和非应用软件   D．系统软件和管理软件

100. 系统软件可称为（   ）。

    A．连接程序   B．应用软件   C．装入程序   D．系统程序

101. 在浮点表示方法中，（   ）是隐含的。

    A．位数   B．基数   C．阶码   D．尾数

102. 数字小键盘区既可用作数字键也可用作编辑键。通过按（   ）键可进行转换。

    A．Shift   B．Num Lock   C．Caps Lock   D．Insert

103. 若用十六进制数给某存储器的各字节单元编地址，其地址编号从 0000 到 FFFF，则该存储器的容量为（   ）。

    A．3KB   B．64KB   C．320KB   D．640KB

104. 在计算机内部，所有需要计算机处理的数字、字母、符号都是以（   ）来表示的。

    A．二进制码   B．八进制码

    C．十进制码   D．十六进制码

三、多项选择题

1. 以下关于 CPU 的叙述中，正确的有（   ）。

    A．是计算机系统中最核心的部件   B．由运算器和控制器组成

    C．简称主机   D．具有计算能力

2. 存储器 ROM 的特点是（   ）。

    A．ROM 中的信息可读可写   B．ROM 中的访问速度高于硬盘

    C．ROM 中的信息可以长期保存   D．ROM 是一种半导体存储器

3. 计算机内存包括（   ）。

    A．只读存储器   B．硬盘

    C．软盘   D．随机存储器

4. 只能进行读操作的设备是（   ）。

    A．RAM   B．ROM   C．硬盘   D．CD-ROM

5. 下面（   ）是高级语言。

    A．PASCAL   B．机器语言   C．汇编语言   D．BASIC

6. 即使断电也不会丢失数据的存储器是（   ）。

    A．RAM   B．硬盘   C．ROM   D．光盘

7. 以下设备中，属于输出设备的有（　　　）。

　　A. 打印机　　　　　B. 键盘　　　　　　C. 显示器　　　　　　D. 磁盘驱动器

8. CPU 能直接访问的存储器是（　　　）。

　　A. ROM　　　　　　B. RAM　　　　　　C. 软盘　　　　　　　D. 硬盘

9. 下面叙述中正确的是（　　　）。

　　A. 计算机高级语言是与计算机型号无关的算法语言

　　B. 汇编语言在计算机中可直接执行

　　C. 机器语言程序是计算机唯一能直接执行的程序

　　D. 程序必须调入内存才能运行

10. 下面软件中属于系统软件的是（　　　）。

　　A. 编译程序

　　B. 操作系统的各种管理程序

　　C. 用 BASIC 语言编写的计算机程序

　　D. 用 C 语言编写的 CAI 课件

11. 与内存相比，外存的主要优点是（　　　）。

　　A. 存储容量大　　　　　　　　　B. 信息可长期保存

　　C. 存储单位信息的价格便宜　　　D. 存取速度快

12. CPU 能直接访问的存储器有（　　　）。

　　A. ROM　　　　　B. RAM　　　　　C. Cache　　　　D. 外存储器

13. 计算机主机通常包括（　　　）。

　　A. 运算器　　　　B. 控制器　　　　C. 显示器　　　　D. 存储器

14. 下面叙述中正确的是（　　　）。

　　A. 外存上的信息可直接进入 CPU

　　B. 计算机键盘上的 Ctrl 键是起控制作用的，它一般与其他键同时按下才有用

　　C. 键盘是输入设备，显示器上显示的内容既有输出结果又有用户用键盘输入的内容，
　　　　故显示器既是输出设备又是输入设备

　　D. 计算机在使用过程中突然断电，RAM 中保存的信息全部丢失，ROM 中保存的
　　　　信息不受影响

15. 从下面关于操作系统的叙述中，正确的叙述是（　　　）。

　　A. 操作系统是一种系统软件

　　B. 操作系统可分为单用户、多用户等类型

　　C. 操作系统的作用是控制和管理计算机资源，合理组织工作流程，方便用户使用

　　D. 操作系统是对硬件的第一层扩充，应用软件是在操作系统支持下工作的

16. 计算机内存的叙述中，正确的是（　　　）。

　　A. 是用半导体集成电路构造的

　　B. 掉电后均不能保存信息

　　C. 依照数据对存储单元进行存取信息

　　D. 依照地址对存储单元进行存取信息

17. 存储程序的工作原理的基本思想是（　　　）。

   A. 事先编好程序　　　　　　　　B. 将程序存储在计算机中

   C. 在人工控制下执行每条指令　　D. 自动将程序从存放的地址取出并执行

18. 计算机系统主要性能指标包括（　　　）。

   A. 字长　　　　　B. 运算速度　　　　C. 存储容量　　　　D. 主频

19. 在计算机科学中常用的进位计数制有（　　　）。

   A. 二进制　　　　B. 八进制　　　　C. 十六进制　　　　D. 十进制

20. 关于 ASCII 码概念的论述中，正确的有（　　　）。

   A. ASCII 码的字符全部都可以在屏幕上显示

   B. ASCII 码基本字符集由 7 个二进制编码组成

   C. 用 ASCII 码可以表示汉字

   D. ASCII 码基本字符集包括 128 个字符

21. 计算机中可用作数据输入设备的有（　　　）。

   A. 键盘　　　　　　　　　　　　B. 磁盘驱动器

   C. 显示器　　　　　　　　　　　D. 打印机

22. 关于 ASCII 码，以下论述正确的是（　　　）。

   A. ASCII 码是美国标准信息代码的简称

   B. ASCII 码基本字符集包括了 128 个字符

   C. ASCII 码的作用是把要处理的数据转换成二进制数字符串，实现在机器内部的
      传送和处理

   D. ASCII 码是一种国际通用的字符编码方案

23. 计算机采用二进制的主要原因是（　　　）。

   A. 两个状态的系统容易实现，成本低

   B. 运算法则简单

   C. 十进制无法在计算机中实现

   D. 可进行逻辑运算

24. 计算机中 1 个字节可表示（　　　）。

   A. 2 位十六进制数　　　　　　　B. 4 位十进制数

   C. 1 个 ASCII 码　　　　　　　　D. 256 种状态

25. 与十进制数 89 相等的数包括（　　　）。

   A. 二进制数 01011001　　　　　B. 八进制数 110

   C. 十六进制数 5F　　　　　　　D. 十六进制数 59

26. 与二进制数 10000001 相等的数包括（　　　）。

   A. 十进制数 129　　　　　　　　B. 八进制数 201

   C. 十进制数 101　　　　　　　　D. 十六进制数 81

27. 计算机中字符 a 的 ASCII 码值是 $(01100001)_2$，那么字符 c 的 ASCII 码值是（　　　）。

   A. $(01100010)_2$　　　　　　　　B. $(01100011)_2$

   C. $(143)_8$　　　　　　　　　　D. $(63)_{16}$

28．在计算机中，1 个字节可以表示（　　　）。

    A．1 个 ASCII 码　　　　　　　　　　B．256 种状态

    C．1024 个 bit　　　　　　　　　　　D．2 位十六进制数

29．下列设备中可作输入设备的有（　　　）。

    A．显示器　　　　　B．鼠标器　　　　　C．键盘　　　　　　　D．扫描仪

30．在计算机中采用二进制的主要原因是（　　　）。

    A．两种状态容易表示、成本低　　　B．运算法则简单

    C．十进制在计算机中无法实现　　　D．能够进行逻辑运算

    E．占用内存空间小

31．属于汉字输入编码的有（　　　）。

    A．国标码　　　　　B．拼音码　　　　　C．区位码　　　　　　D．机内码

    E．字形码

32．与内存相比，外存储器的主要优点是（　　　）。

    A．存储容量大　　　　　　　　　　B．信息可长期保存

    C．存储单位信息量的价格便宜　　　D．存取速度快

    E．CPU 可直接访问

33．以下关于"操作系统"的叙述，正确的是（　　　）。

    A．是一种系统软件

    B．是一种操作规范

    C．能把源代码翻译成目的代码

    D．能控制和管理系统资源

34．关于"系统总线包含几种总线"，下列描述正确的是（　　　）。

    A．控制总线（CB）　　　　　　　　B．数据总线（DB）

    C．地址总线（AB）　　　　　　　　D．传输总线

    E．以上都不是

四、填空题

1．一台电子计算机的硬件系统是由 _____、_____、_____、输入和输出五部分组成的。

2．运算器的主要功能是算术运算和 _____。

3．软盘、硬盘和光盘都是 _____ 存储器。

4．按某种顺序排列的，使计算机能够执行某种任务的指令的集合称为 _____。

5．计算机软件系统由系统软件和 _____ 两大部分组成。

6．所谓内存，实际上就是半导体存储器，它们分为随机存取存储器和 _____。

7．存储器是用来存储程序和 _____ 的。

8．计算机程序是完成某项任务的 _____ 序列。

9．在内存储器中，只能读出不能写入的存储器叫作 _____。

10．CPU 和内存合在一起称为 _____。

11．可以将各种数据成为计算机能够处理的形式并输送到计算机中去的设备统称为 _____。

12．操作系统、各种程序设计语言的处理程序、数据库管理系统、诊断程序以及系统服务程序都是 _____。

13．科学计算程序、字表处理软件、工资管理程序、人事管理程序、财务管理程序、计算机辅助设计与制造以及计算机辅助教学等软件都是 _____。

14．用 _____ 语言编写的程序可由计算机直接执行。

15．在微型计算机中，I/O 设备的含义是 _____ 设备。

16．为了区分内存中的不同存储单元，可为每个存储单元分配一个唯一的编号，称为内存 _____。

17．指令通常由操作码和 _____ 两部分组成。

18．计算机语言通常分为 _____ 和 _____ 两大类。

19．将高级语言源程序翻译成机器语言通常有 _____ 和 _____ 两种方式。

20．计算机可以直接执行的程序是以 _____ 语言所写成的程序。

21．微型机的主要性能指标有 _____、_____、_____ 和 _____。

22．在计算机系统中通常把 _____ 和 _____ 称为外部设备。

23．在计算机中规定一个字节由 _____ 个二进制位构成。

24．西文字符最常用的编码是 _____。

25．八进制的基数是 _____，每一位数可取的最大值是 _____。

26．在计算机中，1K 是 2 的 _____ 次方。

27．计算机数据分为 _____ 数据和 _____ 数据。

28．汉字库中储存汉字的编码是 _____ 码。

29．目前常用的字符编码是 _____。

30．在汉字的网状方阵中一个方格代表一个 _____。

31．在 ASCII 码字符编码中，控制符号 _____ 显示或打印出来。

32．十六进制数 0FE 二进制数是 _____，表示成八进制数是 _____。

33．汉字国标 GB2312—1980 规定，一级汉字库为 _____ 个，二级汉字库为 _____ 个。

34．一个字节由 _____ 位组成，它是计算机的 _____ 单位。

35．机器数具有的两个主要特点是 _____，_____。

36．反码是对一个数求 _____。其中，正数的反码与 _____ 相同；负数的反码符号位 _____，其余各位全部 _____。

37．与十进制数 325 等值的二进制数是 _____。

38．与二进制数 101100 等值的八进制数是 _____。

39．英文缩写 CAI 的中文意思是 _____。

40．在计算机发展的第四阶段，采用 _____ 作为计算机的基本电子元器件。

41．计算机性能主要通过 _____、_____ 和 _____ 三项技术指标来衡量。

42．编译程序的功能是将 _____ 语言翻译成 _____ 语言。

43. 冯·诺依曼体系结构的计算机硬件主要包括运算器、_____、_____、_____ 和 _____ 五大部分。

44. 要使用键盘右边的小键盘来移动光标，应按 Num Lock 键使指示灯处于 _____ 状态。

45. _____ 是一组程序集合，它是用户与计算机硬件设备之间的接口。

46. 用 _____ + 空格键可以进行全角 / 半角的切换。

五、简答题

1. 计算机主机和外设分别包含哪些部件？

2. 什么是系统软件？什么是应用软件？并举例说明。

3. 简述计算机系统的基本组成。

4. 计算机中存储器分哪两类？它们的特点各是什么？

5. 什么是指令、程序、软件？

6. 计算机有哪些特点？

7. 浅谈你对使用过的个人计算机的软硬件配置及其应用领域的认识。

8. 存储器为什么要分内、外两种？二者有什么区别？

9. 计算机硬件系统由哪几部分构成？简述各部分的功能。

10. 在计算机中为什么要使用二进制数？

11. 举例说明计算机的应用范围主要有哪些方面？

12. 计算机的发展经历了哪几个阶段？各阶段的主要特征是什么？

13. 计算机的应用领域包括哪几个方面？

14. 在计算机的分类中，按计算机处理数据的方式分为几种？按计算机使用分类分为几种？按计算机的规模和处理能力分为几种？

15. 计算机具有什么特点？

16. 叙述位、字节、字、字长的概念。

17. 简述 ASCII 编码的意义。

18. 衡量微型计算机的主要技术指标是什么？

19. 简述计算机的工作原理。

20. 简述计算机的工作过程。

21. 简述媒体的含义。

第二部分　操作系统及 Windows 应用习题

一、判断题

1. 在 Windows 操作环境中，回收站中的文件及文件夹不可删除，只能恢复。　　　（　　）

2. Windows 旗舰版支持的功能最多。　　　（　　）

3. UNIX 是一个多任务的操作系统。　　　（　　）

4. 在单用户操作系统中，系统所有的硬软件资源只能为一个用户提供服务。　　　（　　）

5．在 Windows 中，用户要在打开的多个窗口中切换，可使用 Alt+Enter 组合键。　（　　）

6．在 Windows 中默认库被删除后可以通过恢复默认库进行恢复。　（　　）

7．在 Windows 中，将删除的文件暂时保存在"回收站"中，是逻辑删除而不是物理删除。　（　　）

8．正版 Windows 操作系统不需要安装安全防护软件。　（　　）

9．任何一台计算机都可以安装 Windows 操作系统。　（　　）

10．安装安全防护软件有助于保护计算机不受病毒侵害。　（　　）

11．Windows 7 是一个多用户多任务的操作系统。　（　　）

12．Windows 中的文件夹中可以包含程序、文档和文件夹。　（　　）

13．Windows 的桌面是在安装时设置的，不能改变图标的种类和位置。　（　　）

14．在 Windows 的操作环境中，资源管理器是用户与计算机之间的一个友好的图形界面。　（　　）

15．在 Windows 的操作环境中，窗口的最小化是指关闭该应用程序。　（　　）

16．在 Windows 的操作环境中，控制面板是改变系统配置的应用程序。　（　　）

17．在 Windows 中，用户要在打开的多个窗口中切换，可使用 Alt+Enter 组合键。　（　　）

18．在 Windows 中，快捷方式是指向计算机上某个文件、文件夹或程序的链接。（　　）

19．Windows 的剪贴操作只能复制文本，不能复制图形。　（　　）

20．在 Windows 的操作环境中，删除桌面快捷方式图标时，会将其应用程序及所有文件同时删除。　（　　）

21．操作系统是用户和计算机之间的接口。　（　　）

22．在 Windows 中，"磁盘清理"程序是从计算机中删除文件和文件夹以提高系统性能的程序。　（　　）

23．单击菜单中带有省略号（...）的命令会产生一个对话框。　（　　）

24．在 Windows 中，通常可以通过不同的图标来区分文件类型。　（　　）

25．Windows 的窗口是不可改变大小的。　（　　）

26．在 Windows 中按 Shift+ 空格键，可以进行全角 / 半角的切换。　（　　）

27．在 Windows 中，文件或文件夹的设置为"只读"属性，则用户只能查看文件或文件夹的内容，而不能对其进行任何修改操作。　（　　）

28．在 Windows 中，当选定文件或文件夹后，欲改变其属性设置，可以右击，然后在弹出的菜单中选择"属性"命令。　（　　）

29．在 Windows 中，文件名可以根据需要进行更改，文件的扩展名也能根据需要更改。　（　　）

30．在 Windows 中，单击对话框中的"确定"按钮与按回车键的作用是一样的。（　　）

31．Windows 中，"计算机"不仅可以进行文件管理，还可以进行磁盘管理。　（　　）

32．Windows 中，当对文件或文件夹的操作不小心发生错误时，可以利用"编辑"菜单中的"撤销"命令或按 Ctrl+Z 组合键取消原来的操作。　（　　）

33．当一个应用程序窗口被最小化后，该应用程序的状态被终止运行。　（　　）

34．Windows 的快捷方式是由系统自动提供的，用户不能修改。　（　　）

35．复制一个文件夹时，文件夹中的文件和子文件夹一同被复制。　　　　（　　）

36．附件中只有"记事本"和"画图"这两个应用程序。　　　　　　　　（　　）

37．用户不能调换鼠标左、右键的功能。　　　　　　　　　　　　　　（　　）

38．不同文件夹中的文件可以是同一个名字。　　　　　　　　　　　　（　　）

39．删除一个快捷方式时，所指的对象一同被删除。　　　　　　　　　（　　）

40．附件中的记事本程序只能编辑文本文件。　　　　　　　　　　　　（　　）

41．在 Windows 中，不能用键盘来执行菜单命令。　　　　　　　　　（　　）

42．Windows 桌面上杂乱的图标是可以通过某个菜单命令来排列整齐的。（　　）

43．在 Windows 中，通常可以通过不同的图标来区分文件类型。　　　（　　）

44．在 Windows 文件夹窗口中共有 50 个文件，全部被选定后，再按住 Ctrl 键用鼠标左键单击其中的某一个文件，有 1 个文件被选定。　　　　　　　　　　（　　）

45．在 Windows 中，用鼠标拖曳窗口边框，可以移动窗口的位置。　　（　　）

46．在 Windows 中，"快速启动"区中的快速启动按钮可以根据需要删除或添加。（　　）

47．在"记事本"中保存的文件，系统默认的文件扩展名是 txt。　　　（　　）

48．如果某菜单的右边有一个黑色三角形标记，表示单击这个菜单选项后将出现一个对话框。　　　　　　　　　　　　　　　　　　　　　　　　　　　　（　　）

49．在 Windows"开始"菜单中的"搜索"命令中，不能使用"？"和"*"通配符。（　　）

50．在 Windows 中，一般情况下，硬盘上被删除的文件或文件夹存放在剪贴板中。（　　）

二、单项选择题

1．下列（　　）操作系统不是微软公司开发的操作系统。

    A．Windows Server 2003　　　　　　B．Windows

    C．Linux　　　　　　　　　　　　　D．Vista

2．Windows 不是（　　）的操作系统。

    A．分布式　　　　B．"即插即用"　　C．图形界面　　　D．多任务

3．在 Windows 的各个版本中，支持的功能最多的是（　　）。

    A．家庭普通版　　　　　　　　　　B．家庭高级版

    C．专业版　　　　　　　　　　　　D．旗舰版

4．在 Windows 操作系统中，将打开窗口拖动到屏幕顶端，窗口会（　　）。

    A．关闭　　　　　B．消失　　　　　C．最大化　　　　D．最小化

5．在 Windows 操作系统中，显示桌面的快捷键是（　　）。

    A．Win+D　　　　B．Win+P　　　　C．Win+Tab　　　D．Alt+Tab

6．在 Windows 操作系统中，打开外接显示设置窗口的快捷键是（　　）。

    A．Win+D　　　　B．Win+P　　　　C．Win+Tab　　　D．Alt+Tab

7．在 Windows 操作系统中，显示 3D 桌面效果的快捷键是（　　）。

    A．Win+D　　　　B．Win+P　　　　C．Win+Tab　　　D．Alt+Tab

8．安装 Windows 操作系统时，系统磁盘分区必须为（　　）格式才能安装。

    A．FAT　　　　　B．FAT16　　　　C．FAT32　　　　D．NTFS

9. 文件的类型可以根据（   ）来识别。

    A．文件的大小   B．文件的用途

    C．文件的扩展名   D．文件的存放位置

10. 在下列软件中，属于计算机操作系统的是（   ）。

    A．Windows   B．Word   C．Excel   D．PowerPoint

11. 为了保证 Windows 安装后能正常使用，采用的安装方法是（   ）。

    A．升级安装   B．卸载安装   C．覆盖安装   D．全新安装

12. 在 Windows 中，窗口最大化的方法是（   ）。

    A．按最大化按钮   B．按还原按钮

    C．双击标题栏   D．拖曳窗口到屏幕顶端

13. 下列有关 Windows "回收站" 的叙述中，正确的是（   ）。

    A． "回收站" 是内存的一块空间

    B．在默认情况下系统的每个逻辑硬盘上都有一个 "回收站"

    C． "回收站" 所存储的文件不可以恢复

    D．使用了 "清空回收站" 命令后，回收站中的文件或项目均不能恢复

14. 下列叙述中正确的是（   ）。

    A．在多级目录结构中，不允许两个不同文件具有相同的名字

    B．绝对路径是指从根目录开始到文件所在目录的路径

    C．磁盘上的文件若被删除都可设法恢复

    D．文件名可以使用空格

15. 下列叙述中正确的是（   ）。

    A．对话框可以改变大小，可以移动位置

    B．对话框只能改变大小，不可移动位置

    C．对话框只能移动位置，不可以改变大小

    D．对话框既不可以移动位置，也不能改变大小

16. 对文件含义的完整说法应该是（   ）。

    A．记录在磁盘上的一组相关命令的集合

    B．记录在磁盘上的一组相关程序的集合

    C．记录在内存中的一组相关数据的集合

    D．记录在外存储介质上的一组相关信息的集合

17. 从资源管理的观点出发，可以把操作系统看成是系统资源管理器，那么它的功能可归纳为（   ）。

    A．运算器管理、控制器管理、内存储管理和外存储器管理

    B．主机管理、外部设备管理、用户软件管理和数据通信管理

    C．CPU 管理、内存储器管理、外存储器管理和各种文件管理

    D．CPU 管理、内存管理、外设管理和文件管理

18. 操作系统对（   ）进行管理。

    A．软件   B．硬件资源   C．计算机资源   D．应用程序

19. 在 Windows 中，文件夹是指（　　　）。

    A. 文档　　　　　　B. 程序　　　　　　C. 磁盘　　　　　　D. 目录

20. 在 Windows 中，对菜单进行操作时，可以使用两种方式，一种是使用键盘，另一种是（　　　）。

    A. 使用命令　　　　　　　　　B. 使用会话方式

    C. 使用 DOS 命令　　　　　　D. 使用鼠标

21. 在 Windows 中，为了启动应用程序，正确的操作是（　　　）。

    A. 用键盘输入应用程序图标标下的标识

    B. 用鼠标将应用程序图标拖动到窗口的最上方

    C. 将应用程序图标最大化成窗口

    D. 用鼠标双击应用程序图标

22. 将应用程序窗口最小化之后，该应用程序（　　　）。

    A. 停止运行　　　　　　　　　B. 出错

    C. 暂时挂起　　　　　　　　　D. 在后台运行

23. "画图"程序在（　　　）程序组中。

    A. "控制面板"中的"系统"　　　B. "控制面板"中的"显示"

    C. "程序"中的"附件"　　　　　D. "程序"中的"应用程序"

24. Windows 的汉字输入法中，基于智能处理的输入方式是（　　　）。

    A. 全拼输入法　　　　　　　　B. 智能 ABC 输入法

    C. 郑码输入法　　　　　　　　D. 五笔字型输入法

25. 在对话框中，复选框是指在所列的选项中（　　　）。

    A. 仅选一项　　　B. 可以选多项　　　C. 必须选多项　　　D. 选全部项

26. 启动 Windows 的记事本程序后所建立的文件类型是（　　　）。

    A. Word 类型　　　B. 记事本类型　　　C. 文本类型　　　D. Windows 类型

27. 在窗口中，"查看"菜单可以提供不同的显示方式，下列选项中，不能实现的是（　　　）。

    A. 按日期显示　　　　　　　　B. 按文件类型

    C. 按文件大小　　　　　　　　D. 按文件创建者名称

28. 选定文件夹后，下列操作中能删除该文件夹的是（　　　）。

    A. 用鼠标左键双击该文件夹　　　B. 在"文件"菜单中选择"删除"命令

    C. 用鼠标左键单击该文件夹　　　D. 在"编辑"菜单中选择"清除"命令

29. 在 Windows 中，要移动窗口，可用鼠标（　　　）。

    A. 双击菜单栏　　　　　　　　B. 双击标题栏

    C. 拖动菜单栏　　　　　　　　D. 拖动标题栏

30. Windows 的文件名（　　　），但同一个文件夹中文件名不能相同。

    A. 可由汉字、英文字母、数字等字符组成，但长度不能超过 8 个字符

    B. 可由英文字母、数字等字符组成，但长度不能超过 8 个字符

    C. 可由汉字、英文字母、数字等字符组成，长度在 255 个字节以内

    D. 可由汉字、英文字母、数字等字符组成，长度不超过 256 个汉字

31. Windows 中进行"剪切"操作的快捷键是（   ）。

    A．Ctrl+A   B．Ctrl+X   C．Ctrl+C   D．Ctrl+V

32. 下面有关菜单的叙述，（   ）是错误的。

    A．菜单分为下拉菜单和快捷菜单

    B．左键单击菜单栏中的某一菜单，即可得出下拉菜单

    C．右键单击某一位置或选中的对象，一般均可出现快捷菜单

    D．右键单击菜单栏中的某一菜单，即可出现下拉菜单

33. 关于回收站正确的说法是（   ）。

    A．存放所有被删除的对象   B．回收站的内容不可以恢复

    C．回收站是在硬盘上的一个区域   D．回收站是在内存中开辟的

34. 在 Windows 的"计算机"窗口中，若已选定了文件或文件夹，为了设置其属性，可以打开"属性"对话框，其操作是（   ）。

    A．用鼠标右键单击"文件"菜单中的"属性"命令

    B．用鼠标右键单击该文件或文件夹名，然后从弹出的快捷菜单中选择"属性"

    C．用鼠标右键单击"任务栏"中的空白处，然后从弹出的快捷菜单中选择"属性"

    D．用鼠标右键单击"查看"菜单中"工具栏"下的"属性"图标

35. 一个文件路径为 C:\groupq\text1\293.txt，其中 text1 是一个（   ）。

    A．文件夹   B．根文件夹   C．文件   D．文本文件

36. 一个应用程序窗口被最小化后，该应用程序窗口的状态是（   ）。

    A．继续在前台运行   B．被终止运行

    C．被转入后台运行   D．保持不变

37. 关于 Windows 的叙述，正确的是（   ）。

    A．可同时运行多个程序   B．不能同时容纳多个窗口

    C．必须持鼠标操作   D．可运行所有的 DOS 应用程序

38. 对话框用于显示或输入对话信息，选择菜单中（   ）命令时即出现。

    A．左边带黑圆点   B．右边带朝右箭头

    C．右边带省略号   D．右边带组合键

39. Windows 窗口的标题栏上不可能存在的按钮是（   ）。

    A．"最小化"按钮   B．"最大化"按钮

    C．"确定"按钮   D．"还原"按钮

40. 将 Windows 的窗口和对话框作一比较，窗口可以移动和改变大小，而对话框（   ）。

    A．既不能移动，也不能改变大小   B．仅可以移动，不能改变大小

    C．仅可以改变大小，不能移动   D．既能移动，也能改变大小

41. Windows 中，若要利用鼠标来改变窗口的大小，则鼠标指针应（   ）。

    A．置于窗口内   B．置于菜单项   C．置于窗口边框   D．任意位置

42. 文件夹中可以包含（   ）。

    A．文件   B．文件、文件夹

    C．文件、快捷方式   D．文件、文件夹、快捷方式

43．将某个打开的窗口切换为活动窗口的按键是（　　　）。

    A．Ctrl+Tab 键　　　　　　　　　　B．Esc 键

    C．Ctrl+Space 键　　　　　　　　　D．Alt+Tab 键

44．Windows 操作的特点是（　　　）。

    A．先选定操作对象，再选择操作命令

    B．先选定操作命令，再选择操作对象

    C．操作对象和操作命令需同时选择

    D．视具体任务而定

45．Windows 中，进行"粘贴"操作的快捷键是（　　　）。

    A．Ctrl+A　　　　　B．Ctrl+X　　　　　C．Ctrl+C　　　　　D．Ctrl+V

46．选定要删除的文件，然后按（　　　）键，即可删除文件。

    A．Alt　　　　　　　B．Ctrl　　　　　　C．Shift　　　　　D．Delete

47．Windows 中，直接删除硬盘上的文件而不进入回收站的操作，正确的是（　　　）。

    A．选定文件后，同时按下 Shift 与 Delete 键

    B．选定文件后，同时按下 Ctrl 与 Delete 键

    C．选定文件后，按 Delete 键

    D．选定文件后，同时按下 Alt 与 Delete 键

48．Windows 中剪贴板是（　　　）。

    A．硬盘上某个区域　　　　　　　　B．软盘上的一块区域

    C．内存中的一块区域　　　　　　　D．Cache 中一块区域

49．Windows 窗口中的"工具"按钮的功能（　　　）。

    A．都可以在菜单中实现　　　　　　B．其中一部分可以在菜单中实现

    C．都不能通过菜单实现　　　　　　D．比菜单能够实现的功能多

50．一般情况下，Windows 桌面上窗口的大小（　　　）。

    A．仅变大　　　　　　　　　　　　B．大小皆可变

    C．仅变小　　　　　　　　　　　　D．不能变大和变小

51．以下对 Windows 常用应用程序的描述中，不正确的是（　　　）。

    A．记事本保存的文件是纯文本文件，不具备字处理软件的图形处理功能

    B．写字板是一个字处理软件，可以在文字中插入图形

    C．画图是一个绘图软件，不可以在图形中插入文字

    D．用画图程序绘制的图形，可以插入到写字板文件中

52．用户单击"开始"按钮后，会看到"开始"菜单中包含一组命令，其中"程序"项的作用是（　　　）。

    A．显示可运行程序的清单　　　　　B．开始编写程序

    C．开始执行程序　　　　　　　　　D．显示网络传送来的最新程序的清单

53．在 Windows 的"资源管理器"中，选择（　　　）查看方式可显示文件的"大小"与"修改时间"。

    A．大图标　　　　　B．小图标　　　　　C．列表　　　　　　D．详细信息

54. 下列关于文档窗口的说法中，正确的是（　　　）。

　　A．只能打开一个文档窗口

　　B．可以同时打开多个文档窗口，被打开的窗口都是活动窗口

　　C．可以同时打开多个文档窗口，但其中只有一个是活动窗口

　　D．可以同时打开多个文档窗口，但在屏幕上只能见到一个文档的窗口

55. 关于快捷方式，叙述不正确的是（　　　）。

　　A．快捷方式是指向一个程序或文档的指针

　　B．快捷方式是该对象的本身

　　C．快捷方式包含了指向对象的信息

　　D．快捷方式可以删除、复制和移动

56. 图标是 Windows 操作系统中的一个重要概念，它表示 Windows 的对象，它可以指（　　　）。

　　A．文档或文件夹　　　　　　　　B．应用程序

　　C．设备或其他的计算机　　　　　D．以上都正确

57. 关于"快捷菜单"，下列说法不正确的是（　　　）。

　　A．用鼠标右键单击某个图标时，会弹出快捷菜单

　　B．用鼠标右键单击不同的图标时，弹出的快捷菜单的内容是一样的

　　C．用鼠标右键单击桌面空白区，也会弹出快捷菜单

　　D．右击"资源管理区"窗口中的文件夹图标，也会弹出快捷菜单

58. 有关桌面正确的说法是（　　　）。

　　A．桌面的图标都不能移动　　　　B．桌面不能打开文档和可执行文件

　　C．桌面的图标不能排列　　　　　D．桌面的图标能自动排列

59. 将共享属性的"访问类型"设为"只读"后，其他网络用户将（　　　）。

　　A．无法访问这个共享资源

　　B．仍可对此共享资源的数据修改和删除

　　C．只能对此共享资源进行只读性访问

　　D．必须输入口令才能访问

60. 启动程序或窗口，只要（　　　）对象的图标即可。

　　A．用鼠标左键双击　　　　　　　B．用鼠标右键双击

　　C．用鼠标左键单击　　　　　　　D．用鼠标右键单击

61. 关于查找文件或文件夹，说法正确的是（　　　）。

　　A．只能按文件类型进行查找

　　B．在查找结果列表框中不能直接对查找结果进行复制或删除操作

　　C．如果查找失败，可直接再输入新内容后单击"开始查找"按钮

　　D．不能使用通配符

62. Windows 中，按 PrintScreen 键，则使整个桌面内容（　　　）。

　　A．打印到打印纸上　　　　　　　B．打印到指定文件

　　C．复制到指定文件　　　　　　　D．复制到剪贴板

63. 控制面板是 Windows 为用户提供的一种用来调整（　　）的应用程序，它可以调整各种硬件和软件的选项。

  A. 分组窗口   B. 文件   C. 程序   D. 系统配置

64. Windows 是一种（　　）。

  A. 应用软件   B. 图形化的操作系统

  C. 计算机语言   D. 文字处理系统

65. 以下按键（　　）能打开"文件"菜单。

  A. F   B. Ctrl+F   C. Alt+F   D. Shift+F

66. 以下鼠标指针形状中，（　　）表示系统忙。

  A.   B.   C.   D.

67. 在 Windows 中同时运行多个程序时，会有若干个窗口显示在桌面上，任一时刻只有一个窗口与用户进行交互操作，该窗口称作为（　　）。

  A. 运行程序窗口   B. 活动窗口

  C. 移动窗口   D. 菜单窗口

68. 用 Windows 的任务栏可以迅速在（　　）应用程序之间进行切换。

  A. 5 个   B. 10 个   C. 20 个   D. 多个

69. 如要在记事本应用程序中创建一个新的文档，则应在窗口的"文件"菜单中选择（　　）命令。

  A. "新建"   B. "打开"   C. "页面设置"   D. "保存"

70. Windows 中寻求帮助的热键是（　　）。

  A. F2   B. F1   C. F3   D. F4

71. 桌面上的"计算机"图标是（　　）。

  A. 用来暂存用户删除的文件、文件夹等内容的

  B. 用来管理计算机资源的

  C. 用来管理网络资源的

  D. 用来保持网络中的便携机和办公室中的文件同步的

72. Windows 环境中，对磁盘文件进行有效管理的工具是（　　）。

  A. 写字板   B. 我的公文包   C. 文件管理器   D. 资源管理器

73. Windows 中，在某些窗口中可看到若干小的图形符号，这些图形符号在 Windows 中被称为（　　）。

  A. 文件   B. 窗口   C. 按钮   D. 图标

74. Windows 中执行了删除文件或文件夹操作后（　　）。

  A. 该文件或文件夹被彻底删除

  B. 该文件或文件夹被送入回收站，可以恢复

  C. 该文件或文件夹被送入回收站，不可恢复

  D. 该文件或文件夹被送入 temp 文件夹

75. Windows 系统中活动窗口可以有（　　）。

  A. 1 个   B. 2 个   C. 4 个   D. 任意个

76. 在回收站中选择一个文件后，选择"文件"→（　　　）可恢复该删除的文件。

　　A．恢复　　　　　　B．还原　　　　　　C．撤销　　　　　　D．复原

77. 对话框与窗口类似，但对话框中（　　　）等。

　　A．没有菜单栏，尺寸是可变的，比窗口多了标签和按钮

　　B．没有菜单栏，尺寸是固定的，比窗口多了标签和按钮

　　C．有菜单栏，尺寸是可变的，比窗口多了标签和按钮

　　D．有菜单栏，尺寸是固定的，比窗口多了标签和按钮

78. Windows 中，要删除已安装并注册了的应用程序，其操作是（　　　）。

　　A．在资源管理器中找到对应的程序文件直接删除

　　B．在 MS-DOS 方式下用 Del 命令删除指定的应用程序

　　C．删除"开始→程序"中对应的项

　　D．通过控制控制面板中的"程序和功能"

79. 资源管理器中，单击文件夹中的图标即可（　　　）。

　　A．在左窗口中扩展该文件夹

　　B．在右窗口中显示该文件夹中的子文件夹和文件

　　C．在左窗口中显示子文件夹

　　D．在右窗口中显示该文件夹中的文件

80. 对话框的组成不包含（　　　）。

　　A．选项卡、命令按钮　　　　　　　B．单选钮、复选框、列表框架、文本框

　　C．滑竿、增量按钮　　　　　　　　D．菜单栏

81. 下列 Windows 文件名的命名，非法的是（　　　）。

　　A．myfile1　　　　　　　　　　　B．Basicprogram

　　C．card "01"　　　　　　　　　　D．class1.dat

82. 在 Windows 中，当鼠标指针自动变成双向箭头时，表示可以（　　　）。

　　A．移动窗口　　　　　　　　　　　B．改变窗口大小

　　C．滚动窗口内容　　　　　　　　　D．关闭窗口

83. 在 Windows 中，文件名的命名规则为（　　　）。

　　A．8.3 规则　　　　　　　　　　　B．任意长

　　C．不超过 255 个字符　　　　　　　D．16 个字符

84. Windows 的桌面是指（　　　）。

　　A．全部窗口　　　　　　　　　　　B．整个屏幕

　　C．某个应用程序窗口　　　　　　　D．一个活动窗口

85. 当窗口最大化后，单击"还原"按钮将使窗口（　　　）。

　　A．恢复到原来的大小　　　　　　　B．占满整个屏幕

　　C．缩小成图标　　　　　　　　　　D．由用户自定义

86. 在 Windows 中，任务栏的主要功能是（　　　）。

　　A．显示当前窗口的图标　　　　　　B．显示系统的所有功能

　　C．显示所有已打开过的窗口图标　　D．实现任务间的切换

87. 任务栏上的应用程序按钮是最小化了的（　　）窗口。

    A．应用程序　　　　B．对话框　　　　　C．文档　　　　　　　D．菜单

88. 在 Windows 中，下列叙述正确的是（　　）。

    A．桌面上的图标不能按用户的意愿重新排列

    B．只有对活动窗口才能进行移动、改变大小等操作

    C．回收站与剪贴板一样，是内存中的一块区域

    D．一旦启用屏幕保护程序，原来在屏幕上的当前窗口就被关闭了

89. Windows 的命令菜单中，变灰的菜单表示（　　）。

    A．将弹出对话框　　　　　　　　B．该命令正在使用

    C．该命令的快捷键　　　　　　　D．该命令当前不能使用

90. 由于文件的多次增删而造成磁盘的可用空间不连续。因此，经过一段时间后，磁盘空间就会七零八乱，到处都有数据，这种现象称为（　　）。

    A．碎片　　　　　B．扇区　　　　　　C．坏扇区　　　　　　D．簇

91. 清理磁盘空间的作用是（　　）。

    A．删除磁盘上无用的文件　　　　B．提高磁盘的访问速度

    C．增大磁盘的可用空间　　　　　D．以上均是

92. 通过"开始"菜单执行的搜索命令不可以搜索（　　）。

    A．文件名模糊的文件　　　　　　B．局域网上的计算机

    C．当前安装的硬件设备　　　　　D．正在使用计算机的用户

93. 通过控制面板的"打印机"组件不能进行的设置是（　　）。

    A．添加多个打印机　　　　　　　B．更换默认打印机的驱动程序

    C．取消正在等待的打印　　　　　D．设置新的默认打印机

94. 在菜单栏中，前面含有"●"标记的菜单项是（　　）。

    A．含有下级级联菜单

    B．可以打开一个对话框

    C．在多个单选菜单项中被选中的菜单项

    D．一个被选中的复选菜单项

95. 关于 Windows 的对话框，下面叙述不正确的是（　　）。

    A．对话框中可以弹出新的对话框

    B．对话框不经处理可自行消失

    C．对话框中可以含有单选项

    D．对话框中必须含有让用户表示"确认"的选择项

96. 下列关于 Windows7 对话框的描述中，正确的是（　　）。

    A．对话框含有可以"最小化"按钮

    B．对话框不经处理可自行消失

    C．对话框的大小是可以调整改变的

    D．对话框是可以在屏幕上移动的

97. 可以在 Windows 的桌面上创建快捷方式的对象不包括（   ）。

    A．应用程序   B．文件夹   C．文档   D．菜单

三、多项选择题

1. 在 Windows 中个性化设置包括（   ）。

    A．主题   B．桌面背景   C．窗口颜色   D．声音

2. 在 Windows 中完成窗口切换的方法是（   ）。

    A．按 Alt+Tab 组合键

    B．按 Win+Tab 组合键

    C．单击要切换窗口的任何可见部位

    D．单击任务栏上要切换的应用程序按钮

3. 下列属于 Windows 控制面板中的设置项目的是（   ）。

    A．Windows Update   B．网络和共享中心

    C．备份和还原   D．恢复

4. 使用 Windows 的备份功能所创建的系统镜像可以保存在（   ）上。

    A．内存   B．硬盘   C．光盘   D．网络

5. 在 Windows 操作系统中，属于默认库的有（   ）。

    A．文档   B．音乐   C．图片   D．视频

6. 以下网络位置中，可以在 Windows 里进行设置的是（   ）。

    A．家庭网络   B．小区网络   C．工作网络   D．公共网络

7. Windows 的特点是（   ）。

    A．更易用   B．更快速   C．更安全   D．更简单

8. 当 Windows 系统崩溃后，可以通过（   ）来恢复。

    A．更新驱动   B．使用之前创建的系统镜像

    C．使用安装光盘重新安装   D．卸载程序

9. 下列属于 Windows 零售盒装产品的是（   ）。

    A．家庭普通版   B．家庭高级版

    C．旗舰版   D．专业版

10. 以下属于操作系统的是（   ）。

    A．Windows   B．Office   C．UNIX   D．Oracle

11. 在 Windows 环境下，假设已经选定文件，以下关于文件移动操作的叙述中，正确的有（   ）。

    A．直接拖至不同驱动器的图标上

    B．用鼠标右键拖至同一驱动器的另一子文件夹上，从快捷菜单中选择"移动到当前位置"

    C．用鼠标左键拖至同一驱动器的另一子文件夹上

    D．按住 Ctrl 键，拖至不同驱动器的图标上

12. 安装应用程序的途径有（　　　）。

  A．在"资源管理器"中进行

  B．在"我的电脑"中的"打印机"中进行

  C．使用"开始"菜单中的"文档"命令

  D．使用"控制面板"中的"添加 / 删除程序"

13. 在资源管理器中要对所选定的文件或文件夹进行改名，可以用以下方法（　　　）。

  A．按鼠标右键从快捷菜单中选择"重命名"

  B．从窗口上方的菜单中选择"编辑"中的"重命名"

  C．从窗口上方的菜单中选择"文件"中的"重命名"

  D．再次单击所选定的文件或文件夹图标处，重新输入新名称

14. 在 Windows 中要更改当前计算机的日期和时间，可以（　　　）。

  A．双击任务栏上的时间　　　　　　　B．使用"控制面板"的"区域和语言选项"

  C．使用附件　　　　　　　　　　　　D．使用"控制面板"的"日期和时间"

15. 以下可以浏览所有的文件和文件夹的组件有（　　　）。

  A．计算机　　　　B．控制面板　　　　C．网络　　　　　　D．资源管理器

16. 在 Windows 环境下，从理论上说可以运行的文件有（　　　）。

  A．A.obj　　　　　B．A.txt　　　　　C．A.exe　　　　　　D．A.com

17. 切换同时打开的几个程序窗口的操作方法有（　　　）。

  A．单击任务栏上的程序图标　　　　　B．按 Ctrl+Tab 组合键

  C．按 Ctrl+Esc 组合键　　　　　　　D．按 Alt+Tab 组合键

18. 以下对于 Windows 操作系统的叙述，正确的是（　　　）。

  A．Windows 是一个批处理多用户操作系统

  B．Windows 是一个多用户的分时操作系统

  C．Windows 是一个单道单处理操作系统

  D．Windows 是一个多窗口的批处理操作系统

19. 下列属于网络操作系统特性的是（　　　）。

  A．多用户、单任务　　　　　　　　　B．运行在服务器和客户机上

  C．拥有自己的通信协议软件　　　　　D．都是实时操作系统

20. 在 Windows 中，能用（　　　）操作来创建文件夹。

  A．在桌面上，用右键单击

  B．在"资源管理器"窗口的"文件"菜单中执行"新建"命令

  C．在"控制面板"窗口中的"文件"菜单

  D．在某一文件夹窗口的"文件"菜单中执行"新建"命令

21. 在 Windows 中，将某个打开的窗口切换为活动窗口的操作为（　　　）。

  A．连续按 Ctrl+Space 组合键

  B．用鼠标直接单击需要激活窗口的任意部分

  C．保持 Alt 键按下状态不变，并且连续按下 Tab 键

  D．用鼠标单击"任务栏"上该窗口的对应按钮

22. 下列（   ）字符（英文符号状态下）不能在 Windows 文件名中使用。

    A．=   B．?   C．#   D．*

23. Windows 中，欲把 D:\YYLJ 文件复制到 C 盘，可以使用的方法有（   ）。

    A．在资源管理器窗口，直接把 D 盘的 YYLJ 文件拖到 C 盘

    B．在资源管理器窗口，按住 Ctrl 键不放的同时把 D 盘的 YYLJ 文件拖到 C 盘

    C．右击 D 盘的 YYLJ 文件，在快捷菜单选择"复制"，再选择 C 盘，右击空白处，
       在快捷菜单选择"粘贴"选项

    D．单击 D 盘的 YYLJ 文件，单击常用工具的"复制"按钮；再选择 C 盘，单击常
       用工具的"粘贴"按钮

24. Windows 中，进行菜单操作可以采取（   ）的方式。

    A．用鼠标   B．用键盘   C．使用快捷键   D．使用功能键

25. Windows 为一个文件命名时（   ）。

    A．允许使用空格

    B．扩展名中允许使用多个分隔符

    C．不允许使用大于号（>）、问号（?）、冒号（:）等符号

    D．文件名的长度不允许超过 8 个字符

26. 资源管理器窗口的"文件"菜单中"新建"命令的作用是（   ）。

    A．创建一个新的文件夹   B．创建一个快捷方式

    C．创建不同类型的文件   D．选择一个对象文件

27. Windows 中，可完成的磁盘操作有（   ）。

    A．磁盘格式化   B．磁盘复制   C．磁盘清理   D．整理碎片

28. Windows 中，通过"资源管理器"能浏览计算机上的（   ）等对象。

    A．文件   B．文件夹   C．打印机   D．控制面板

29. 关于操作系统的叙述中，正确的是（   ）。

    A．是一种系统软件   B．是一种操作规范

    C．能把源代码翻译成目的代码   D．能控制和管理系统资源

30. 常见的操作系统有（   ）。

    A．UNIX   B．BASIC   C．DOS   D．Windows

31. 下面关于 Windows 的叙述，正确的是（   ）。

    A．Windows 的操作既能用键盘也能用鼠标

    B．Windows 可以运行某些 DOS 下研制的应用程序

    C．Windows 提供了友好方便的用户界面

    D．Windows 是 32 位的操作系统

32. Windows 中，能够关闭一个程序窗口的操作有（   ）。

    A．按 Alt+F4 组合键

    B．双击菜单栏

    C．选择"文件"菜单中的"关闭"命令

    D．单击菜单栏右端的"关闭"按钮

33．在 Windows 中有（　　）按钮。

    A．命令　　　　　　B．单选　　　　　　C．复选　　　　　　D．数字选择

34．Windows 中通过"开始"菜单运行程序的方法有（　　）。

    A．使用"程序"菜单命令　　　　　　B．双击程序图标

    C．使用"运行"命令　　　　　　　　D．单击程序图标

35．以下（　　）不属于 Windows 中复制文件的基本方式。

    A．右击一个文件，从快捷菜单中选择"发送"命令

    B．使用拖放技术

    C．使用右键菜单"复制""粘贴"命令复制文件

    D．使用 Ctrl+C、Ctrl+V 快捷键来复制文件

36．以下可以打开控制面板窗口的操作是（　　）。

    A．右击"开始"按钮，在弹出的快捷菜单中选择"控制面板"

    B．右击桌面上"此电脑"图标，在弹出的快捷菜单中选择"控制面板"

    C．打开"此电脑"窗口，双击"控制面板"图标

    D．选择"开始"菜单中的"控制面板"

37．下列叙述正确的是（　　）。

    A．通过"此电脑"图标可以浏览和使用所有的计算机资源

    B．"此电脑"是一个文件夹

    C．"回收站"用于存放被删除的对象，置入"回收站"中的对象在关机后自动消失

    D．用户可以在桌面上创建文件夹或快捷方式

38．Windows 中可以放置快捷方式的位置有（　　）。

    A．桌面上　　　　　　　　　　　　B．文本文件中

    C．文件夹中　　　　　　　　　　　D．控制面板窗口中

39．下列关于回收站的说法正确的是（　　）。

    A．回收站可暂时存放用户删除的文件

    B．回收站的文件是不可恢复的

    C．被用户永久删除的文件也可存放在回收站中一段时间

    D．回收站中的文件如果被还原，则回到它原来的位置

40．对话框常见的组成元素有（　　）。

    A．标题栏　　　　B．菜单栏　　　　C．复选框　　　　D．选项卡

41．在 Windows 中，通常在"自定义桌面"中包含的项目有（　　）。

    A．"资源管理器"　　　　　　　　B．"此电脑"

    C．"网络"　　　　　　　　　　　D．"我的文档"

42．Windows 桌面排列图标的方式有（　　）。

    A．名称　　　　B．大小　　　　C．属性　　　　D．修改时间

43．在 Windows 中，任务栏（　　）。

    A．可以改变位置　　　　　　　　B．可以改变大小

    C．不能改变位置，可以改变大小　　D．能改变位置，不能改变大小

44. Windows 中，任务栏可以实现的主要功能包括（　　）。

    A. 设置系统日期和时间　　　　　　　　B. 排列桌面图标

    C. 排列和切换窗　　　　　　　　　　　D. 启动"开始"菜单

45. 在 Windows 中，下列对窗口滚动条的叙述中，不正确的是（　　）。

    A. 每个窗口都有水平和垂直滚动条　　B. 每个窗口都有水平滚动条

    C. 每个窗口都有垂直滚动条　　　　　D. 每个窗口可能出现必要的滚动条

46. 在 Windows 中，用鼠标单击一个窗口左上角的控制菜单按钮，可以（　　）。

    A. 最大化该窗口　　　　　　　　　　B. 最小化该窗口

    C. 关闭该窗口　　　　　　　　　　　D. 打开一个新窗口

47. 下面有关计算机操作系统的叙述中，正确的是（　　）。

    A. 操作系统属于系统软件

    B. 操作系统只负责管理内存储器，而不管理外存储器

    C. UNIX 是一种操作系统

    D. 计算机的处理器、内存等硬件资源也由操作系统管理

48. 在 Windows 中，更改文件名的正确方法包括（　　）。

    A. 用鼠标右键单击文件名，然后选择"重命名"，输入新文件名后按 Enter 键

    B. 用鼠标左键单击文件名，然后从"文件"菜单中选择"重命名"，输入新文件名

      后按 Enter 键

    C. 用鼠标左键单击文件名，然后按 F2 键

    D. 先选定要更名的文件，然后再单击文件名框，键入新文件名后按 Enter 键

49. 在 Windows 中，文件在打开的文件夹中的显示有（　　）方式。

    A. 图标　　　　　　　　　　　　　　B. 缩略图

    C. 列表　　　　　　　　　　　　　　D. 详细信息

50. 在 Windows 中，下面（　　）可以在资源管理器窗口中的状态栏显示出来。

    A. 窗口中文件（夹）的数量　　　　　B. 窗口中文件（夹）的大小

    C. 文件（夹）的属性　　　　　　　　D. 文件的内容

51. 有关资源管理器的正确说法有（　　）。

    A. 在"资源管理器"窗口中可以格式化 U 盘

    B. 在"资源管理器"窗口中可以添加汉字输入法

    C. 在"资源管理器"窗口中可以映射网络驱动器

    D. 在"资源管理器"窗口中可以编辑文稿

52. 若想删除桌面上一个选定的图标，则应（　　）。

    A. 按鼠标右键，选"删除"　　　　　B. 直接按住左键拉到回收站中

    C. 双击左键，选"删除"　　　　　　D. 按住左键，拉到桌面上其他地方

53. 在控制面板中可以进行的工作是（　　）。

    A. 查看系统的硬件配置　　　　　　　B. 增加或删除程序

    C. 任务栏在桌面上的位置　　　　　　D. 更换新的网络协议

54. 在"文件夹选项"中能设置的是（　　　）。

 A. 设置打开项目的方式   B. 设置文件夹是否允许带扩展名

 C. 设置是否启用"脱机文件" D. 新建或删除注册文件类型

四、填空题

1. 要安装 Windows 操作系统，系统磁盘分区必须为 _____ 格式。

2. 在 Windows 操作系统中，Ctrl+C 是 _____ 命令的快捷键。

3. 在安装 Windows 操作系统的配置要求中，对硬盘的基本要求是要有 _____GB 以上可用空间。

4. 在 Windows 操作系统中，Ctrl+X 是 _____ 命令的快捷键。

5. 在 Windows 操作系统中，Ctrl+V 是 _____ 命令的快捷键。

6. 操作系统的主要作用是管理系统资源，这些资源包括 _____ 和 _____。

7. Windows 的整个屏幕画面称作 _____。

8. 在菜单中，命令选项为灰暗色表示 _____。

9. 鼠标形状为沙漏状，则表示 _____。

10. "资源管理器"可以查看 _____ 上所有的内容。

11. 在 Windows 中，可以通过 _____ 查看工作组中的计算机和网络上的全部计算机。

12. 用于切换中英文输入的快捷键是 _____。

13. Windows 中的 _____ 可以临时保存文字、图像、声音或可执行文件。

14. 资源管理器左窗口中文件夹图标旁有"+"号，表示该文件夹 _____。

15. "附件"中的 _____ 程序用来编辑不需要进行格式处理的文本文件。

16. 在 Windows 的命名规则中，文件和文件夹名不能超过 _____ 个字符。

17. 对窗口中的文件或文件夹图标可按名称、类型、_____、修改时间和自动排列五种规则排序。

18. 移动窗口应按住窗口的 _____ 进行拖动。

19. Windows 桌面底部的条形区域被称为"任务栏"，其左端是 _____ 按钮，右端是输入法状态指示器。

20. 某个应用程序不再响应用户的操作，可以按 _____ 组合键，弹出"Windows 任务管理器"对话框，然后选择所要关闭的应用程序，单击"结束任务"按钮退出该应用程序。

21. 在 Windows 中，中英文输入方式的切换是用 Ctrl+_____ 组合键实现的。

22. 在 Windows 中，文件名的长度可达 _____ 个字符。

23. 选定多个不连续的文件或文件夹，应先选定第一个文件或文件夹，然后按住 _____ 键，再单击需要选定的文件或文件夹。

24. 在 Windows 中，"复制"操作的快捷键是 _____。

25. 任务栏被隐藏时用户可以按 Ctrl+_____ 组合键的快捷方式打开"开始"菜单。

26. 如果在对话框中要进行各个选项卡之间的切换，可以使用的快捷键是 _____。

27. 文件名一般由主文件名和 _____ 两部分构成。

28．在窗口标题栏的右侧，一般有三个按钮，分别是最小化、最大化（还原）按钮和_____按钮。

29．在 Windows 中，计算机系统中的所有软件和硬件资源都可以用_____和"计算机"浏览和查看。

30．查找所有的 BMP 文件，应在"搜索结果"对话框的"全部或部分文件名"文本框中输入_____。

31．关闭应用程序可按_____组合键。

32．在 Windows 中，文件是指存储在_____上的信息的集合。

33．在 Windows 中，资源管理器是用来组织磁盘文件的一种_____数据结构。

34．在 Windows 中，使用"画图"程序存储的文件扩展名为_____。

35．_____可以帮助用户调整 Windows 的操作环境及添加与删除各种软硬件等。

五、简答题

1．回收站位于计算机的哪一部分？其功能是什么？

2．简述操作系统的功能。

3．简述操作系统分类。

4．完成以下 Windows 操作：

（1）在桌面建立一个名为 JEWRY 的文件夹，并在其中建立一个新的子文件夹 JAK。

（2）将 C:\TABLE 文件夹删除。

5．在 Windows 中，对文件和文件夹的基本操作方法有哪些？

6．Windows 的菜单有多少种？它们分别采用什么方式激活？

7．简述文件与文件夹的区别。

第三部分 WPS 文字处理习题

一、判断题

1．在打开的最近文档中，可以把常用文档进行固定而不被后续文档替换。　　（　　）

2．在 WPS 文字中，通过"屏幕截图"功能，不但可以插入未最小化到任务栏的可视化窗口图片，还可以通过屏幕剪辑插入屏幕任何部分的图片。　　（　　）

3．在 WPS 文字中可以插入表格，而且可以对表格进行绘制、擦除、合并和拆分单元格、插入和删除行列等操作。　　（　　）

4．在 WPS 文字中，只能设置整个表格底纹，不能对单个单元格进行底纹设置。（　　）

5．在 WPS 文字中，只要插入的表格选取了一种表格样式，就不能更改表格样式和进行表格的修改。　　（　　）

6．在 WPS 文字中，不但可以给文本选取各种样式，而且可以更改样式。　　（　　）

7．在 WPS 文字中，"行和段落间距"或"段落"提供了单倍、多倍、固定值、多倍行距等行间距选择。　　（　　）

8.“自定义功能区”和“自定义快速工具栏”中其他工具的添加,可以通过“文件”→“选项”→“选项”进行添加设置。　　　　　　　　　　　　　　　　　　　　　　　（　　）

9. 在 WPS 文字中,可以选用 WPS 推荐的模板创建文档。　　　　　　　　　（　　）

10. 在 WPS 文字中,可以插入“页眉和页脚”,但不能插入“日期和时间”。　（　　）

11. 在 WPS 文字中,能打开 wps 扩展名格式的文档,并可以进行格式转换和保存。　（　　）

12. 在 WPS 文字中,通过“文件”按钮中的“打印”选项同样可以进行文档的页面设置。　　　　　　　　　　　　　　　　　　　　　　　　　　　　　　　　（　　）

13. 在 WPS 文字中,插入的艺术字只能选择文本的外观样式,不能进行艺术字颜色、效果等其他的设置。　　　　　　　　　　　　　　　　　　　　　　　　　　　（　　）

14. 在 WPS 文字中,“文档视图”方式和“显示比例”除在“视图”等选项卡中设置外,还可以在状态栏右下角进行快速设置。　　　　　　　　　　　　　　　　　　　（　　）

15. 在 WPS 文字中,不但能插入封面、脚注,而且可以制作文档目录。　　　（　　）

16. 在 WPS 文字中,可以插入新公式并通过“公式工具”功能区进行公式编辑。（　　）

17. 要删除分节符,必须转到草稿视图才能进行。　　　　　　　　　　　　（　　）

18.“查找”命令只能查找字符串,不能查找格式。　　　　　　　　　　　　（　　）

19. WPS 不能实现英文字母的大小写互相转换。　　　　　　　　　　　　　（　　）

20. 使用“页面设置”命令可以指定每页的行数。　　　　　　　　　　　　（　　）

21. 在插入页码时,页码的范围只能从 1 开始。　　　　　　　　　　　　　（　　）

22. 目录生成后会独占一页,正文内容会自动从下一页开始。　　　　　　　（　　）

23. 在 WPS 文字的表格中,当改变了某个单元格中的值的时候,计算结果也会随之改变。　　　　　　　　　　　　　　　　　　　　　　　　　　　　　　　　　（　　）

24. WPS 文字表格中的数据也是可以进行排序的。　　　　　　　　　　　　（　　）

25. 在 WPS 文字中,页面设置的最小单位是“页”。　　　　　　　　　　　（　　）

26. 在 WPS 文字中软回车和硬回车的作用一样,都能起到分段的作用。　　（　　）

27. 软回车不是段落标记,只是强制换行,换行后段落格式与前一行相同。　（　　）

28. 如果要在同一篇 WPS 文字文档中使用不同类型的页码,必须对该文档进行分节。（　　）

29. 启用 WPS 文字的修订功能,系统会自动标记所有审阅者的每一次插入、删除、修改操作,而作者本人可以拒绝任何一个地方的修改。　　　　　　　　　　　　（　　）

30. WPS 文字可以通过设定打开文档和修改文档的密码来保护文档的安全。　（　　）

31. 在 WPS 文字中,脚注是对个别术语的注释,脚注内容位于整个文档的末尾。（　　）

32. 样式包含多种格式,无论是“新建样式”或“修改样式”,实质就是选择一组格式或修改一组格式。　　　　　　　　　　　　　　　　　　　　　　　　　　　　（　　）

33. 在用 WPS 文字编辑文本时,若要删除文本区中某段文本的内容,可选取该段文本,再按 Delete 键或 Backspace 键。　　　　　　　　　　　　　　　　　　　　　（　　）

二、单项选择题

1. 如果用户想保存一个正在编辑的文档,但希望以不同文件名存储,可用（　　）命令。

　A. 保存　　　　　　B. 另存为　　　　　　C. 比较　　　　　　D. 限制编辑

2. 下面有关 WPS 文字表格功能的说法不正确的是（　　）。

　　A. 可以通过表格工具将表格转换成文本

　　B. 表格的单元格中可以插入表格

　　C. 表格中可以插入图片

　　D. 不能设置表格的边框线

3. 下列（　　）情况下无需切换至页面视图下。

　　A. 设置文本格式　　　　　　　　　B. 编辑页眉

　　C. 插入文本框　　　　　　　　　　D. 显示分栏结果

4. 在 WPS 文字中，可以通过（　　）功能区中的"翻译"将文档内容翻译成其他语言。

　　A. 开始　　　　　　B. 页面布局　　　　　C. 引用　　　　　　D. 审阅

5. 给每位家长发送一份期末成绩通知单，用（　　）命令最简便。

　　A. 复制　　　　　　B. 信封　　　　　　C. 标签　　　　　　D. 邮件合并

6. 在 WPS 文字中，可以通过（　　）功能区对不同版本的文档进行比较。

　　A. 页面布局　　　　B. 引用　　　　　　C. 审阅　　　　　　D. 视图

7. 在 WPS 文字中，可以通过（　　）功能区对所选内容添加批注。

　　A. 插入　　　　　　B. 页面布局　　　　　C. 引用　　　　　　D. 审阅

8. 在 WPS 文字中，专用的文字文件扩展名为（　　）。

　　A. dos　　　　　　B. docx　　　　　　C. wps　　　　　　D. txt

9. 在 WPS 文字编辑过程中回到行首可使用键盘上的（　　）键。

　　A. Home　　　　　B. Ctrl+Home　　　C. PageUp　　　　D. Ctrl+PageUp

10. 在 WPS 文字的编辑状态，选择了当前文档中的一个段落，进行"清除"操作（或按 Delete 键），则（　　）。

　　A. 该段落被删除且不能恢复

　　B. 该段落被删除，但能恢复

　　C. 能利用"回收站"恢复被删除的该段落

　　D. 该段落被移到"回收站"内

11. 在 WPS 文字的编辑状态，对当前文档中的文字进行"字数统计"操作，应当使用的功能区是（　　）。

　　A. "开始"功能区　　　　　　　　　B. "文件"功能区

　　C. "视图"功能区　　　　　　　　　D. "审阅"功能区

12. 下面关于页眉和页脚的叙述中，错误的是（　　）。

　　A. 一般情况下，页眉和页脚适用于整个文档

　　B. 奇数页和偶数页可以有不同的页眉和页脚

　　C. 在页眉和页脚中可以设置页码

　　D. 首页不能设置页眉和页脚

13. 要使文档中每段的首行自动缩进两个汉字，可以使用标尺上的（　　）。

　　A. 左缩进标记　　　　　　　　　　B. 右缩进标记

　　C. 首行缩进标记　　　　　　　　　D. 悬挂缩进标记

14. 关于 WPS 文字修订，下列描述中错误的是（　　）。

    A．在 WPS 文字中可以突出显示修订

    B．不同的修订者的修订会用不同颜色显示

    C．所有修订都用同一种比较鲜明的颜色显示

    D．在 WPS 文字中可以针对某一修订进行接受或拒绝修订

15. 在 WPS 文字中，丰富的特殊符号是通过（　　）输入的。

    A．"插入"功能区中的"插入符号"命令

    B．专门的符号按钮

    C．"插入"功能区中的"符号"按钮

    D．"区位码"方式

16. WPS 文字程序窗口中的各种工具栏可以通过（　　）进行增减。

    A．"视图"功能区的"工具栏"命令　　B．"文件"菜单的"选项"命令

    C．"工具"菜单的"选项"命令　　　　D．"文件"菜单的"页面设置"命令

17. 为了便于在文档中查找信息，可以使用（　　）代替任何一个字符进行匹配。

    A．*　　　　　　　　B．$　　　　　　　　C．#　　　　　　　　D．?

18. 在当前文档中，若需要插入 Windows 的图片，应将光标移到插入位置，然后选择（　　）。

    A．"插入"功能区中的"对象"命令

    B．"插入"功能区中的"图片"命令

    C．"开始"功能区中的"图片"命令

    D．"文件"菜单中的"新建"命令

19. 下列有关 WPS 文字格式刷的叙述中，正确的是（　　）。

    A．格式刷只能复制纯文本的内容

    B．格式刷只能复制纯字体格式

    C．格式刷只能复制段落格式

    D．格式刷既可复制字体格式，也可复制段落格式

20. 要输入下标，应进行的操作是（　　）。

    A．插入文本框，缩小文本框中的字体，拖放于下标位置

    B．使用"格式"菜单中的"首字下沉"选项

    C．使用"开始"菜单中的"字体"选项，并选择"下标"

    D．WPS 文字中没有输入下标的功能

21. 水平标尺左方三个"缩进"标记中最下面的是（　　）。

    A．首行缩进　　　　B．左缩进　　　　C．右缩进　　　　D．悬挂缩进

22. 在 WPS 文字中打印文档时，下列说法中不正确的是（　　）。

    A．在同一页上，可以同时设置纵向和横向两种页面方向

    B．在同一文档中，可以同时设置纵向和横向两种页面方向

    C．在打印预览时可以同时显示多页

    D．在打印时可以指定打印的页面

23. 在编辑文档时，如要看到页面的实际效果，应采用（　　）模式。

 A．普通视图　　　　B．页面视图　　　　C．大纲视图　　　　D．Web 版式

24. 要使某行处于居中的位置，应使用（　　）中的"居中"按钮。

 A．"常用"工具栏　　　　　　　　　　B．"格式"工具栏

 C．"表格和边框"工具栏　　　　　　　D．"绘图"工具栏

25. WPS 文字的（　　）视图方式下可以显示分页效果。

 A．草稿　　　　　B．大纲　　　　　C．页面　　　　　D．阅读版式

26. 以下关于 WPS 文字使用的叙述中，正确的是（　　）。

 A．被隐藏的文字可以打印出来

 B．直接单击"右对齐"按钮而不用选定，就可以对插入点所在行进行设置

 C．若选定文本后，单击"粗体"按钮，则选定部分文字全部变成粗体

 D．双击"格式刷"可以复制一次

27. 在 WPS 文字编辑文本时，可以在标尺上直接进行（　　）操作。

 A．文章分栏　　　　　　　　　　　　B．建立表格

 C．嵌入图片　　　　　　　　　　　　D．段落首行缩进

28. WPS 文字文档的段落标记位于（　　）。

 A．段落的首部　　　　　　　　　　　B．段落的结尾处

 C．段落的中间位置　　　　　　　　　D．段落中，但用户找不到的位置

29. 修改样式时，下列步骤（　　）是错误的。

 A．选择"视图"功能区中的"样式与格式"命令，出现样式对话框

 B．在样式类型列表框中选定要修改的样式所属的类型

 C．从样式列表框选择要更改的样式名

 D．如果要更新该样式的指定后续段落样式，可在后续段落样式列表框中选择要指
 定给后续段落的样式

30. 下列关于 WPS 文字的叙述中，不正确的是（　　）。

 A．设置了"保护文档"的文件，如果不知道口令，就无法打开它

 B．WPS 文字可同时打开多个文档，但活动文件只有一个

 C．表格中可以填入文字、数字、图形

 D．从"文件"菜单中选择"打印预览"命令，在出现的预览视图下，既可以预览
 打印结果，也可以编辑文本

31. 下列关于目录的说法，正确的是（　　）。

 A．当新增了一些内容使页码发生变化时，生成的目录不会随之改变，需要手动更改

 B．目录生成后有时目录文字下会有灰色底纹，打印时会打印出来

 C．如果要把某一级目录文字字体改为"小三"，需要一一手动修改

 D．WPS 文字的目录提取是基于大纲级别的

32. WPS 文字只有在（　　）模式下才会显示页眉和页脚。

 A．普通　　　　　B．图形　　　　　C．页面　　　　　D．大纲

三、多项选择题

1. 在 WPS 文字中"审阅"功能区的"翻译"可以进行（　　）操作。

　　A. 翻译批注　　　　　　　　　　B. 翻译文档

　　C. 翻译所选文字　　　　　　　　D. 翻译屏幕提示

2. 在 WPS 文字中插入艺术字后，通过绘图工具可以进行（　　）操作。

　　A. 艺术字样式　　B. 删除背景　　　C. 排列　　　　　D. 文本

3. 在 WPS 文字中，"文档视图"方式有（　　）。

　　A. 大纲视图　　B. 页面视图　　　C. 写作模式　　　D. 阅读版式视图

　　E. Web 版式视图

4. 插入图片后，可以通过出现的"图片工具"功能区对图片进行（　　）操作，进行美化设置。

　　A. 裁剪　　　　　B. 图片样式　　　C. 图片效果　　　D. 删除背景

5. 在 WPS 文字中，可以插入（　　）元素。

　　A. 图片　　　　　B. 智能图形　　　C. 形状　　　　　D. 屏幕截图

　　E. 页眉和页脚　　F. 艺术字

6. 在 WPS 文字中，插入表格后可通过出现的"表格工具"选项卡中的"设计""布局"进行（　　）操作。

　　A. 表格样式　　　　　　　　　　B. 表格内容的对齐方式

　　C. 边框和底纹　　　　　　　　　D. 删除和插入行列

7. 通过"开始"功能区的"字体"组可以对文本进行（　　）操作设置。

　　A. 字号　　　　　B. 字体　　　　　C. 消除格式　　　D. 样式

8. 在 WPS 文字的"页面设置"中，可以设置的内容有（　　）。

　　A. 打印份数　　　B. 打印的页数　　C. 页边距　　　　D. 打印的纸张方向

四、填空题

1. 在 WPS 文字中，选定文本后，会显示出　_____，可以对字体进行快速设置。

2. 在 WPS 文字中，想对文档进行字数统计，可以通过　_____功能区来实现。

3. 在 WPS 文字中，给图片或图像插入题注可以通过选择　_____功能区中的命令。

4. 在"插入"功能区的"符号"组中，可以插入　_____和"符号""编号"等。

5. WPS 文字中的邮件合并，除了需要主文档外，还需要已制作好的　_____支持。

6. 在 WPS 文字中插入表格后，会出现　_____选项卡，对表格进行"表格属性"和"插入单元格"等操作设置。

7. 在 WPS 文字中，进行各种文本、图形、公式、批注等搜索可以通过　_____来实现。

五、简答题

1. 什么是样式？

2. 简述邮件合并的步骤。

第四部分 WPS 表格习题

一、判断题

1．在 WPS 表格中，可以更改工作表的名称和位置。 （　　）

2．在 WPS 表格中只能清除单元格中的内容，不能清除单元格中的格式。 （　　）

3．在 WPS 表格中，使用筛选功能只显示符合设定条件的数据而隐藏其他数据。（　　）

4．在 WPS 表格中，工作表的数量可根据工作需要作适当增加或减少，并可以进行重命名、设置标签颜色等相应的操作。 （　　）

5．在 WPS 表格中，除了在"视图"功能区可以进行显示比例调整外，还可以在工作簿右下角的状态栏拖动缩放滑块进行快速设置。 （　　）

6．在 WPS 表格中，只能设置单元格边框，不能设置单元格底纹。 （　　）

7．WPS 表格不能进行超链接设置。 （　　）

8．WPS 表格只能用"表格样式"设置表格样式，不能设置单个单元格样式。 （　　）

9．WPS 表格中，除了可创建空白工作簿外，还可以创建基于其他模板的文件。 （　　）

10．在 WPS 表格中，只要应用了一种表格格式，就不能对表格格式作更改。 （　　）

11．在 WPS 表格中，运用"条件格式"中的"项目选取规则"，可自动选中区域中最大的 10 项单元格的格式。 （　　）

12．在 WPS 表格中，当插入图片、剪贴画、屏幕截图后，功能区选项卡就会出现"图片工具"选项卡，打开图片工具功能区面板可以作相应的设置。 （　　）

13．在 WPS 表格中设置"页眉和页脚"，只能通过"插入"功能区来插入页眉和页脚，没有其他的操作方法。 （　　）

14．在 WPS 表格中只能插入和删除行、列，不能插入和删除单元格。 （　　）

15．在 WPS 表格中要打开存入磁盘上的一个工作簿，可以从"文件"选项卡中选择"打开"命令实现。 （　　）

16．修改 WPS 表格文档后，更换文件名存储，可以单击"文件"选项卡中的"另存为"命令。 （　　）

17．在 WPS 表格中，"零件 1、零件 2、零件 3、零件 4……"不可以作为自动填充序列。 （　　）

18．在 WPS 表格中，工作表中的列宽和行高是固定的，不能修改。 （　　）

19．在 WPS 表格工作表中，逻辑型数据在单元格的默认显示为右对齐。 （　　）

20．在 WPS 表格工作表中，公式单元格默认显示的是公式计算的结果。 （　　）

21．在 WPS 表格中，运算符号具有不同的优先级。 （　　）

22．在 WPS 表格中，在数据粘贴过程中，如果目的地已经有数据，则 WPS 表格会提示是否将目的地的数据后移。 （　　）

23．如果 WPS 表格的函数中有多个参数，必须以分号隔开。（　　）

24．在 WPS 表格中，使用选择性粘贴，两单元格可实现加减乘除等算术运算。（　　）

25．在 WPS 表格中，删除单元格就相当于清除单元格的内容。（　　）

26．在 WPS 表格中，输入的文本可以为数字、空格和非数字字符的组合。（　　）

27．WPS 表格单元格中的数据不能垂直居中，但可以水平居中。（　　）

28．在 WPS 表格中，在单元格中输入 781101 和输入 '781101 是等效的。（　　）

29．在 WPS 表格中，同时选中工作表 Sheet1 和 Sheet2，在 Sheet1 工作表的 B2 单元输入"3月"，则在 Sheet2 工作表的 B2 单元格也出现"3 月"。（　　）

30．在 WPS 表格中，一个函数的参数可以为函数。（　　）

31．在 WPS 表格中，选择不连续区域，可按 Shift+ 鼠标来选择多个区域。（　　）

32．在 WPS 表格中，D2 单元格中的公式为"=A2+A3-C2"，向下自动填充时，D4 单元格的公式应为"=A4+A5-C4"。（　　）

33．WPS 表格中的"快速访问工具栏"是由系统定义好的，不允许用户随便对之进行修改。（　　）

34．在 WPS 表格的工作表中，单元格的地址是唯一的，由单元格所在的行和列决定。（　　）

35．在 WPS 表格中，在选中单元格或单元格范围后，可以按 Delete 键来删除单元格内容。（　　）

36．在 WPS 表格中制作的表格可以插入到 WPS 文字中。（　　）

37．在 WPS 表格中，可以用填充柄执行单元格的复制操作。（　　）

38．在 WPS 表格中，分类汇总数据必须先创建公式。（　　）

39．在 WPS 表格中，已为用户建立了多个函数，用户只能使用这些已建立好的函数，而不能自定义函数。（　　）

40．在 WPS 表格工作表中，日期型数据在单元格默认显示右对齐。（　　）

41．WPS 表格中，一个图表建立好后，其标题不能修改或添加。（　　）

42．在 WPS 表格中，在单元格中输入文本数据，如果宽度大于单元格宽度时则无法显示。（　　）

43．在 WPS 表格中，格式刷不能复制数据，只能复制数据的格式。（　　）

44．在 WPS 表格中，执行 SUM(A1:A10) 和 SUM(A1,A10) 这两个函数的结果是相同的。（　　）

45．在 WPS 表格中，创建工作簿时，将自动以"工作簿 1""工作簿 2""工作簿 3"……的顺序给新的工作簿命名。（　　）

46．在 WPS 表格中，通过设置"数据有效性"，用户可以预先设置某单元格中允许输入的数据类型以及输入数据的有效范围。（　　）

47．WPS 表格一个工作簿最多只能包含 3 张工作表。（　　）

48．在 WPS 表格中，单击选定单元格后输入新内容，则原内容将被覆盖。（　　）

49．在 WPS 表格中，用户可以根据一列或几列中的数值对数据清单进行排序。（　　）

50．在 WPS 表格中，可以使用其他工作表中的数据。（　　）

二、单项选择题

1．WPS 表格的文件是（　　）。
　　A．文字　　　　　　B．单元格　　　　　C．工作表　　　　　D．工作簿
2．在 WPS 表格中，可以通过（　　）功能区对所选单元格进行数据筛选，以得到符合要求的数据。
　　A．文件　　　　　　B．插入　　　　　　C．数据　　　　　　D．审阅
3．以下不属于 WPS 表格中数字分类的是（　　）。
　　A．常规　　　　　　B．货币　　　　　　C．文本　　　　　　D．条形码
4．在 WPS 表格中打印工作簿时，下列表述中错误的是（　　）。
　　A．一次可以打印整个工作簿
　　B．一次可以打印一个工作簿中的一个或多个工作表
　　C．在一个工作表中可以只打印某一页
　　D．不能只打印一个工作表中的一个区域位置
5．在 WPS 表格中要录入身份证号，数字分类应选择（　　）格式。
　　A．常规　　　　　　B．文本　　　　　　C．科学计数　　　　D．数字
6．在 WPS 表格中要想设置行高、列宽，应选用（　　）功能区中的"行和列"命令。
　　A．开始　　　　　　B．插入　　　　　　C．页面布局　　　　D．视图
7．在 WPS 表格中，在（　　）功能区可进行工作簿视图方式的切换。
　　A．开始　　　　　　B．页面布局　　　　C．审阅　　　　　　D．视图
8．在 WPS 表格中不能进行的操作是（　　）。
　　A．插入和删除工作表　　　　　　B．移动和复制工作表
　　C．修改工作表的名称　　　　　　D．恢复被删除的工作表
9．在 WPS 表格的工作表中，若在行号和列号前加 $ 符号，代表绝对引用。绝对引用工作表 Sheet2 的 A2 到 C5 区域的公式为（　　）。
　　A．Sheet2!A2:C5　　　　　　　　B．Sheet2!$A2:$C5
　　C．Sheet2!$A$2:$C$5　　　　　　D．Sheet2!$A2:C5
10．在 WPS 表格中，某个单元格内容为"=A$6"，此处的 A$6 属于（　　）引用。
　　A．绝对　　　　　　　　　　　　B．相对
　　C．列相对行绝对的混合　　　　　D．列绝对行相对的混合
11．在 WPS 表格中，函数可以作为其他函数的（　　）。
　　A．变量　　　　　　B．常量　　　　　　C．公式　　　　　　D．参数
12．在 WPS 表格中，要输入公式必先输入（　　）号。
　　A．=　　　　　　　B．≤　　　　　　　C．≥　　　　　　　D．≡
13．在 WPS 表格中，下列（　　）方式输入的是分数 1/2。
　　A．0.5　　　　　　B．1/2　　　　　　C．0 1/2　　　　　　D．=1/2
14．WPS 表格工作簿所包含的工作表最多可达（　　）。
　　A．128　　　　　　B．256　　　　　　C．255　　　　　　　D．64

15. 下列有关 WPS 表格中数据对齐的说法，不正确的是（　　）。

    A．在默认情况下，所有文本在单元格中均左对齐

    B．在默认情况下，所有数值型数据均右对齐

    C．WPS 表格不允许用户改变单元格中数据的对齐方式

    D．以上说法都不正确

16. 在 WPS 表格的单元格引用中，属于绝对引用的是（　　）。

    A．$A$2   B．A2 C．B$2   D．$A2

17. 在 WPS 表格中，当输入数字超过单元格能显示的位数时，则以（　　）来表示。

    A．科学记数法   B．自定义   C．百分比   D．货币

18. 在 WPS 表格中，双击工作表标签会对工作表进行（　　）操作。

    A．重命名   B．插入   C．删除   D．没有任何操作

19. 若某单元格的内容为 1234.567，将单元格格式设置为"货币"样式后，则该单元格显示为（　　）。

    A．¥1234.567   B．¥1,234.57

    C．#####   D．1234.567

20. 在 WPS 表格工作表中，默认情况下，（　　）在单元格显示时靠左对齐。

    A．时间型数据   B．数值型数据

    C．文本型数据   D．日期型数据

21. 在 WPS 表格工作表中，欲右移一个单元格作为当前单元格，不正确的操作是（　　）。

    A．按 Tab 键   B．按→键

    C．按 Enter 键   D．用鼠标左键单击右边的单元格

22. 在 WPS 表格中，选择"复制"命令后，出现在单元周围的虚线框称为（　　）。

    A．自动填充   B．剪切   C．点线框   D．高亮度

23. 在 WPS 表格中，单元格的地址是由（　　）来表示的。

    A．列标和行号   B．列标   C．行号   D．任意确定

24. WPS 表格工作表的 Sheet1、Sheet2……是（　　）。

    A．工作表标签名   B．菜单

    C．单元格名称   D．工作簿名称

25. 在 WPS 表格中，如果 A1:A3 单元的值依次为 12、34、TRUE，而 A4 单元格为空白单元格，则 COUNT(A1:A4) 的值为（　　）。

    A．4   B．3   C．2   D．1

26. 选中 WPS 表格中的某一行，然后按 Delete 键后（　　）。

    A．该行被清除，同时该行所设置的格式也被清除

    B．该行被清除，但该行所设置的格式不会被清除

    C．该行被清除，同时下一行的内容上移

    D．以上都不正确

27. 以下单元格引用中，属于相对引用的是（　　）。

    A．K$8   B．E9   C．$B7   D．$DE$11

28. 如果输入以（　　　）开始，WPS 表格会认为单元的内容为一公式。

   A．√　　　　　　　B．=　　　　　　　C．!　　　　　　　D．*

29. 在 WPS 表格中，公式 SUM("3",2,TRUE) 的结果为（　　　）。

   A．3　　　　　　　B．4　　　　　　　C．6　　　　　　　D．公式错误

30. 在 WPS 表格中，不能直接利用自动填充快速输入的序列是（　　　）。

   A．星期一、星期二、星期三……

   B．第一类、第二类、第三类……

   C．甲、乙、丙……

   D．Mon、Tue、Wed……

31. 在 WPS 表格中，工作表与工作簿之间的关系是（　　　）。

   A．工作簿是由若干个工作表组成的　　B．工作簿与工作表之间不存在隶属的关系

   C．工作簿与工作表是同一个概念　　　D．工作表是由工作簿组成的

32. 对于新建的工作簿文件，若还没有进行存盘，WPS 表格会采用（　　　）作为临时名字。

   A．File1　　　　　B．Sheet1　　　　　C．文档 1　　　　　D．工作簿 1

33. 在 WPS 表格中，使用（　　　）键可以将当前工作表中的第一个单元格设为当前活动单元格。

   A．Ctrl+*　　　　　　　　　　B．Ctrl+Space

   C．Ctrl+Home　　　　　　　　D．Home

34. 在 WPS 表格中，复制公式时发生改变的是（　　　）。

   A．绝对地址中所引用的单元格　　B．相对地址中所引用的单元格

   C．相对地址中的地址偏移量　　　D．绝对地址中的地址表达

35. 在 WPS 表格图表中不存在的图形类型是（　　　）。

   A．条形图　　　B．面积图　　　C．柱形图　　　D．扇形图

36. 绝对地址前应使用的符号是（　　　）。

   A．#　　　　　B．$　　　　　C．*　　　　　D．∧

37. 在 WPS 表格中输入公式时，由于输入错误，使系统不能识别输入的公式，则会出现一个错误信息，其中，"#REF！"表示（　　　）。

   A．在不相交的区域中指定了一个交集

   B．没有可用的数值

   C．公式中某个数字有问题

   D．引用了无效的单元格

38. 在 WPS 表格中，若单元格中出现一连串的"####"符号，则需要（　　　）。

   A．删除该单元格　　　　　　　B．重新输入数据

   C．删除这些符号　　　　　　　D．调整单元格的宽度

39. 在 WPS 表格单元格中输入"2^3"，则该单元格将（　　　）。

   A．显示"8"　　B．显示"6"　　C．显示"5"　　　D．显示"2^3"

40. 在 WPS 表格中，可以使用（　　　）选项卡中的"分类汇总"命令对记录进行统计分析。

   A．数据　　　B．开始　　　C．公式　　　　D．插入

41. 在 WPS 表格的工作界面中，（　　）将显示在名称框中。

    A. 工作表名称   B. 行号

    C. 列标   D. 当前单元格地址

42. 在 WPS 表格中，要在一个单元格中输入数据，这个单元格必须是（　　）。

    A. 空的   B. 必须定义为数据类型

    C. 当前单元格   D. 行首单元格

43. 在 WPS 表格中，选取"自动筛选"命令后，在清单上的（　　）出现了筛选按钮图标。

    A. 字段名处   B. 所有单元格内

    C. 空白单元格内   D. 底部

44. 在 WPS 表格中的某个单元格中输入文字，若要文字能自动换行，可利用"单元格格式"对话框的（　　）选项卡，选中"自动换行"复选框。

    A. 数字   B. 对齐   C. 填充   D. 保护

45. 在 WPS 表格数据清单中，按某一字段内容进行归类，并对每一类作出统计的操作是（　　）。

    A. 分类排序   B. 分类汇总   C. 筛选   D. 记录单处理

46. 在 WPS 表格中，筛选后的清单仅显示那些包含了某一特定值或符合一组条件的行，而其他行（　　）。

    A. 暂时隐藏   B. 被删除

    C. 被改变   D. 暂时放在剪贴板上，以便恢复

47. 在 WPS 表格中，单元格右上角有一个红色三角形，表示该单元格（　　）。

    A. 被插入批注   B. 被选中

    C. 被保护   D. 被关联

48. 在 WPS 表格中，单元格 A1 为数值 1，在 B1 输入公式 "=IF(A1>0,"Yes","No")"，结果 B1 为（　　）。

    A. 不确定   B. 空白   C. Yes   D. No

49. 在 WPS 表格中，若将某单元格的数据"100"显示为 100.00，应将该单元格的数据格式设置为（　　）。

    A. 常规   B. 数值   C. 日期   D. 文本

50. 在 WPS 表格中，单元格 A1 到 C5 为对角构成的区域，其表示方法是（　　）。

    A. A1:C5   B. C5;A1   C. A1,C5   D. A1+C5

51. 在 WPS 表格中，"粘贴函数"的按钮是（　　）。

    A. $\sum$ B. f   C. S   D. fx

52. 在 WPS 表格中，当鼠标移到填充柄上时，鼠标指针变为（　　）。

    A. 双十字   B. 双箭头   C. 黑十字   D. 黑矩形

53. 在 WPS 表格中，图表是工作表数据的一种视觉表示形式，图表是动态的，改变图表（　　）后，系统就会自动更新图表。

    A. 标题   B. x 轴数据

    C. y 轴数据   D. 所依赖数据

54. 在 WPS 表格中，选取多个单元格范围时，当前活动单元格是（　　）。

A. 第一个选取的单元格范围的左上角的单元格

B. 最后一个选取的单元格范围的左上角的单元格

C. 每一个选定单元格范围的左上角的单元格

D. 以上都是错的

55. 在 WPS 表格中，输入 24/12，单元格中默认格式显示为（　　）。

A. 2　　　　　　　B. 24/12　　　　　　C. 24　　　　　　D. 12 月 24 日

56. 在 WPS 表格中，在打印学生成绩单时，对不及格的成绩用醒目的方式表示（如用红色表示等），当要处理大量的学生成绩时，利用（　　）命令最为方便。

A. 条件格式　　　B. 筛选　　　　　C. 分类汇总　　　D. 数据透视表

57. 在 WPS 表格中，运算符"&"表示（　　）。

A. 求平方　　　　　　　　　　　B. 求和

C. 字符型数据的连接　　　　　　D. 求最大数

三、多项选择题

1. 关于 WPS 表格，下列叙述正确的是（　　）。

A. WPS 表格功能是对数据综合管理与分析

B. 默认扩展名是 txt

C. 在 WPS 表格中，图表一旦建立，其标题的字体、字型是不可改变的

D. 在 WPS 表格中，工作簿是由工作表组成的

2. 在 WPS 表格的打印设置中，可以设置的是（　　）。

A. 打印活动工作表　　　　　　　B. 打印整个工作簿

C. 打印单元格　　　　　　　　　D. 打印选定区域

3. 在 WPS 表格中，工作簿视图方式有（　　）。

A. 普通　　　　　B. 阅读模式　　　C. 分页预览　　　D. 自定义视图

4. 构成 WPS 表格的三要素是（　　）。

A. 工作簿　　　　B. 工作表　　　　C. 单元格　　　　D. 数字

5. WPS 表格的"页面布局"功能区可以对页面进行（　　）设置。

A. 页边距　　　　　　　　　　　B. 纸张方向、大小

C. 打印标题　　　　　　　　　　D. 打印区域

6. 在 WPS 表格中，仅复制单元格格式可采用（　　）。

A. 复制 + 粘贴　　　　　　　　　B. 复制 + 选择性粘贴

C. 复制 + 填充　　　　　　　　　D. "格式刷"工具

7. 在 WPS 表格中，（　　）是合法的数值型数据。

A. 12000.45　　　B. 12000　　　　C. 3.14　　　　　D. 1.20E+03

8. 在 WPS 表格工作表中，默认情况下，（　　）在单元格中显示时靠右对齐。

A. 数值型数据　　　　　　　　　B. 时间型数据

C. 文本型数据　　　　　　　　　D. 日期型数据

9. 在 WPS 表格中，向单元格中输入日期，下列格式正确的是（　　）。

　　A. 1999-2-21　　　　　　　　　B. 1/4

　　C. 4-4　　　　　　　　　　　　D. 2-FEB

10. 在 WPS 表格中，在选定区域内，以下（　　）操作可以将当前单元格之上的一个单元格变为当前单元格。

　　A. 按 Shift+Enter 键　　　　　　B. 按 ↓ 键

　　C. 按 Shift+Tab 键　　　　　　　D. 按 ↑ 键

11. 在 WPS 表格工作表中，当输入的文本大于单元格的宽度时，（　　）。

　　A. 若右边的单元格为空，则跨列显示

　　B. 若右边的单元格为不空，则不显示文本的后半部分

　　C. 若右边的单元格为不空，则只显示文本的后半部分

　　D. 若右边的单元格为不空，则显示"ERROR"

12. 以下属于 WPS 表格标准类型图表的有（　　）。

　　A. 柱形图　　　　　B. 条形图　　　　　C. 雷达图　　　　　D. 气泡图

13. 在 WPS 表格中，合并单元格的操作可以完成（　　）。

　　A. 合并行单元格　　　　　　　　B. 合并列单元格

　　C. 行列共同合并　　　　　　　　D. 只能合并列单元格

14. 在 WPS 表格中，若在当前单元格输入公式，则单元格内显示（　　）。

　　A. 一定是公式本身

　　B. 若公式错误，则显示错误信息

　　C. 若公式正确，则显示公式计算结果

　　D. 显示公式的内容

15. 在 WPS 表格中，以下关于 AVERAGE 函数使用正确的有（　　）。

　　A. AVERAGE(B2,B5,4)　　　　　B. AVERAGE(B3,B5)

　　C. AVERAGE(a2:a5,4)　　　　　D. AVERAGE(B2:B5,a3:a5)

16. 在 WPS 表格中，下列区域表示中错误的是（　　）。

　　A. a1#d4　　　　B. a1.d5　　　　C. a1>d4　　　　D. a1:d4

17. 关于 WPS 表格创建图表，以下叙述中正确的是（　　）。

　　A. 嵌入式图表建在工作表之内，与数据同时显示

　　B. 如果需要修饰图表，只能使用格式栏上的按钮

　　C. 创建了图表之后，便不能修改

　　D. 独立图表建在工作表之外，与数据分开显示

18. 对一个 WPS 表格数据清单进行筛选后，得到的结果可能有（　　）。

　　A. 选出符合某一条件的记录

　　B. 只能选出符合某一条件的记录

　　C. 可以选出符合某些条件组合的记录

　　D. 不能选出符合某些条件组合的记录

19. 在 WPS 表格中，若选择 A2:E8 区域，下列操作正确的是（   ）。

　　A．将鼠标移到 A2 单元格，按下鼠标左键不放，拖动鼠标至 E8 单元格

　　B．单击 A2 单元格，再单击 E8 单元格

　　C．单击 A2 单元格，按住 Shift 键，单击 E8 单元格

　　D．单击 A2 单元格，按 Shift 键，双击 E8 单元格

20. WPS 表格中，A1:A5 都为数值单元格，关于函数 AVERAGE(A1:A5,5) 的说法正确的是（   ）。

　　A．求 A1 到 A5 五个单元格的平均值

　　B．求 A1、A5 两个单元格和数值 5 的平均值

　　C．等效于 SUM(A1:A5,5)/6

　　D．等效于 SUM(A1:A5,5)/COUNT(A1:A5,5)

21. 在 WPS 表格内输入日期时，年、月、日分隔符可以是（   ）。

　　A．"/"　　　　　　B．"|"　　　　　　C．"—"　　　　　　D．"\"

22. WPS 表格中，单元格的引用方式有（   ）。

　　A．相对引用　　　　　　　　B．绝对引用

　　C．混合引用　　　　　　　　D．完全引用

23. 在 WPS 表格中，以下有关单元格地址的说法，不正确的是（   ）。

　　A．绝对地址、相对地址和混合地址在任何情况下所表示的含义是相同

　　B．只包含绝对地址的公式一定会随公式的复制而改变

　　C．只包含相对地址的公式会随公式的移动而改变

　　D．包含混合地址的公式一定不会随公式的复制而改变

四、填空题

1. WPS 表格中，一个工作簿最多可以含有 _____ 个工作表。

2. 在 WPS 表格中，如果要将工作表冻结便于查看，可以用 _____ 功能区的"冻结窗格"来实现。

3. 在 WPS 表格中，运算符 "&" 表示 _____。

4. 在 WPS 表格中，如果输入一个 "'" 符号，再输入数字，则数据靠单元格 _____ 对齐。

5. 在 WPS 表格中，在 A1 单元格内输入 "30001"，然后拖动填充柄至 A8，则 A8 单元格中内容是 _____。

6. 在 WPS 表格中，双击某工作表标签，可以对该工作表进行 _____ 操作。

7. 在 WPS 表格中，对输入的文字进行编辑是选择 _____ 功能区。

8. 在 WPS 表格中，B3 单元格的公式为 "=A1+$B2"，将其复制到 C4 中，公式变为 _____。

9. 在 WPS 表格工作表中，A 列存放着可计算的数据，公式 "=SUM(A1:A5,A7,A9:A12)" 将对 _____ 个元素求和。

10. 在 WPS 表格中，分类汇总首先将数据按分类字段进行 _____，然后按类进行汇总分析处理。

11.　_____ 是通过对源数据表的行、列重新排列，提供多角度的数据汇总信息，还可以根据需要显示区域中的明细数据。

12.　在 WPS 表格中，除直接在单元格中编辑内容外，也可使用 _____ 编辑。

13.　在 WPS 表格中，每一个单元格都处于某一行和某一列的交叉位置，这个位置称为它的 _____。

14.　在 WPS 表格中，单元格的引用有相对引用、_____ 和混合引用。

15.　在 WPS 表格中，单元格 $A$5 是 _____ 引用。

16.　求 A1 至 A5 单元格中的最大值，可应用公式 _____。

17.　若 B1:B3 单元格分别为 1、2、3，则公式 =SUM(B1:B3,5) 的值为 _____。

18.　在 WPS 表格工作表的单元格 C4 中有公式 "=$B3+C2"，将 C4 中的公式复制到 D7 单元格后，D7 单元格的公式为 _____。

19.　求 A1 到 B3 单元格数据的平均值应使用公式 _____。

20.　在 WPS 表格中，将 "A1+B4" 用绝对地址表示应为 _____。

21.　在 WPS 表格中，逻辑型数据默认在单元格中 _____ 对齐。

22.　在 WPS 表格中，用黑色实线围住的单元格称为 _____。

23.　在 WPS 表格中，在单元格中输入 2:00，表示 _____ 型数据。

24.　在 WPS 表格中，比较运算得到的结果只可能有两个值，分别为 _____ 和 FALSE。

25.　在 WPS 表格中，已知某单元格的格式设置为 "自定义：000.00"，当输入 "23.785"，则单元格里显示的内容是 _____。

第五部分　WPS 演示文稿习题

一、判断题

1. 在幻灯片浏览视图中，可以同时看到演示文稿的多幅幻灯片缩略图。　　　　（　　）

2. 用 WPS 演示的普通视图，在任何时刻，幻灯片编辑窗格内只能查看或编辑一张幻灯片。　　　　　　　　　　　　　　　　　　　　　　　　　　　　　　　（　　）

3. 在幻灯片放映过程中，用户可以在幻灯片上写字或画画，这些内容将被自动保存在演示文稿中。　　　　　　　　　　　　　　　　　　　　　　　　　　　　　　（　　）

4. WPS 演示中绘图笔的颜色是不能进行修改的。　　　　　　　　　　　　（　　）

5. 在 WPS 演示的普通视图下，无法改变各窗格的大小。　　　　　　　　（　　）

6. 要想启动 WPS 演示，只能通过 "开始" 菜单。　　　　　　　　　　　（　　）

7. WPS 演示提供的主题只包含预定义的各种格式，不包含实际文本内容。　（　　）

8. 在演示文稿的某张幻灯片上插入视频，首先要选中该幻灯片，然后选择 "插入" 选项卡→ "视频" 命令按钮。　　　　　　　　　　　　　　　　　　　　　　　　　（　　）

9. 通过幻灯片放映视图，可以看到自定义动画、幻灯片切换动画、超链接等效果。（　　）

10. 在 WPS 演示的幻灯片上可以插入多种对象，除了可以插入形状、图表外，还可以插入公式、音频和视频。　　　　　　　　　　　　　　　　　　　　　　　　　（　　）

11．演示文稿模板的扩展名为 dpt。　　　　　　　　　　　　　　　　　（　　）

12．在幻灯片浏览视图中，可以编辑幻灯片中的文字。　　　　　　　　（　　）

13．幻灯片上的所有内容将在普通视图的大纲模式下全部显示。　　　　（　　）

14．在演示文稿中，一旦对某张幻灯片应用设计主题后，其余幻灯片必将会应用相同的主题。　　　　　　　　　　　　　　　　　　　　　　　　　　　　（　　）

15．在 WPS 演示中，不能打印备注页。　　　　　　　　　　　　　　　（　　）

16．在 WPS 演示中，任何时候都不能同时删除多张幻灯片。　　　　　（　　）

17．可以通过"切换"选项卡设置幻灯片切换效果。　　　　　　　　　（　　）

18．母版视图下，在幻灯片母版的标题占位符中输入文字"WPS 演示"，返回普通视图，所有幻灯片的标题都变为"WPS 演示"。　　　　　　　　　　　　　　（　　）

19．在 WPS 演示中，用"文本框"工具在幻灯片中添加文字时，文本插入完毕后文本上留有边框。　　　　　　　　　　　　　　　　　　　　　　　　（　　）

20．如果要在 WPS 演示窗口中弹出"插入超链接"对话框，只有一种方法，那就是选定对象后，单击"插入"选项卡→"超链接"命令按钮。　　　　　　　（　　）

21．在 WPS 演示中，在创建表格的过程中如果操作有误，可以单击快速访问工具栏上的"撤销"按钮来撤销。　　　　　　　　　　　　　　　　　　　　（　　）

22．在 WPS 演示中，备注页的内容是存储在演示文稿文件不同的另一个文件中的。（　　）

23．普通视图下，单击一个对象后，按住 Ctrl 键，再单击另一个对象，则两个对象均被选中。　　　　　　　　　　　　　　　　　　　　　　　　　　　（　　）

24．WPS 演示可以用彩色、灰度或纯黑白打印演示文稿的幻灯片、大纲或备注等。（　　）

25．在普通视图下，不能对幻灯片设置的动画效果进行预览。　　　　　（　　）

26．在 WPS 演示中，已插入到占位符中的文本无法修改。　　　　　　（　　）

27．在 WPS 演示中，用形状在幻灯片中添加文本时，插入形状的大小是无法改变的。（　　）

28．在 WPS 演示中，设置文本的段落格式时，可以用图片作为项目符号。（　　）

29．WPS 演示的功能区中的命令不能进行增加和删除。　　　　　　　（　　）

30．WPS 演示的功能区包括快速访问工具栏、选项卡和工具组。　　　（　　）

31．在 WPS 演示的审阅选项卡中可以进行拼写检查、全文翻译、中文简繁体转换等操作。　　　　　　　　　　　　　　　　　　　　　　　　　　　（　　）

32．使用 WPS 演示中的"动画刷"工具，可以快速为多个对象设置相同动画。（　　）

33．在 WPS 演示的"视图"选项卡中，有普通视图、幻灯片浏览、备注页和阅读视图四种模式。　　　　　　　　　　　　　　　　　　　　　　　　　（　　）

34．在 WPS 演示的"设计"选项卡中，可以进行幻灯片页面设置、配色方案的选择和设计。　　　　　　　　　　　　　　　　　　　　　　　　　　　（　　）

35．在 WPS 演示中可以对插入的视频进行编辑。　　　　　　　　　　（　　）

36．使用幻灯片母版的作用是对演示文稿的幻灯片进行全局设置和修改，并使该更改应用到演示文稿的所有幻灯片。　　　　　　　　　　　　　　　　　（　　）

二、单项选择题

1. 在 WPS 演示的（　　）下，可以用拖动的方法改变幻灯片的顺序。
   A. 阅读视图　　　　　　　　　　B. 备注页视图
   C. 幻灯片浏览视图　　　　　　　D. 幻灯片放映视图

2. 在 WPS 演示中，要在幻灯片上输入文字，采取的方法是（　　）。
   A. 直接输入文字
   B. 先单击占位符，然后输入文字
   C. 先删除占位符中的提示文字，然后才可输入文字
   D. 先删除占位符，然后才可输入文字

3. 在 WPS 演示中的各种视图中，只显示单张幻灯片，并可以进行文本编辑的视图是（　　）。
   A. 普通视图　　　　　　　　　　B. 幻灯片浏览视图
   C. 幻灯片放映视图　　　　　　　D. 备注页视图

4. 在 WPS 演示窗口中，如果同时打开两个 WPS 演示演示文稿，会出现下列（　　）情况。
   A. 两个同时打开
   B. 打开第一个时，第二个被关闭
   C. 当打开第一个时，第二个无法打开
   D. 执行非法操作，WPS 演示将被关闭

5. 在 WPS 演示中，（　　）视图模式可以实现在其他视图中可实现的一切编辑功能。
   A. 普通视图　　　　　　　　　　B. 备注页视图
   C. 幻灯片放映视图　　　　　　　D. 幻灯片浏览视图

6. 在 WPS 演示中，欲在幻灯片上添加文本框，在功能区中应该选用（　　）选项卡。
   A. 视图　　　　B. 插入　　　　C. 设计　　　　D. 切换

7. 在 WPS 演示中，用鼠标选定幻灯片中的部分文本的操作是（　　）。
   A. 用鼠标选中文本框，再单击"复制"
   B. 在"开始"选项卡中，选择"查找"命令
   C. 在所要选择的文本的前方单击，按住鼠标右键不放，并拖动至所要的位置
   D. 在所要选择的文本的前方单击，按住鼠标左键不放，并拖动至所要的位置

8. 通过（　　）选项卡可以在 WPS 演示的幻灯片上创建表格。
   A. 视图　　　　B. 插入　　　　C. 审阅　　　　D. 开始

9. 在使用 WPS 演示打印演示文稿时，如果选择打印"讲义"，则每页打印纸上最多输出（　　）张幻灯片。
   A. 2　　　　　　B. 4　　　　　　C. 6　　　　　　D. 9

10. 演示文稿中每张幻灯片都是基于某种（　　）创建的，它预定了新幻灯片的各种占位符布局情况。
    A. 视图　　　　B. 版式　　　　C. 母版　　　　D. 动画

11. 在 WPS 演示中，下列有关幻灯片的叙述中不正确的是（　　）。

　　A．幻灯片的大小可以改变

　　B．幻灯片应用的主题一旦选定，以后不可改变

　　C．同一演示文稿允许使用多种母版格式

　　D．同一演示文稿不同幻灯片应用的设计主题可以不同

12. 在"幻灯片浏览视图"方式下，双击幻灯片缩略图可以（　　）。

　　A．直接进入普通视图　　　　　　　B．弹出快捷菜单

　　C．删除该幻灯片　　　　　　　　　D．插入备注或说明

13. 关于超链接的说法错误的是（　　）。

　　A．使用超链接，用户可以改变演示文稿播放的顺序

　　B．使用超链接，用户可以链接到其他演示文稿或公司 Internet 地址

　　C．使用超链接，用户可以链接到一个 WPS 文字文档

　　D．不可以删除对象的超链接

14. 在 WPS 演示中，为了确保链接的音频、视频及超链接能正常在其他计算机中播放，可以使用（　　）命令。

　　A．"文件打包"命令　　　　　　　　B．"打印"命令

　　C．"复制"命令　　　　　　　　　　D．"幻灯片放映"命令

15. 在 WPS 演示中，使用"开始"选项卡下的（　　）命令可以改变选定幻灯片的布局。

　　A．背景　　　　B．版式　　　　C．段落　　　　D．字体

16. 在 WPS 演示的幻灯片浏览视图下，不能完成的操作是（　　）。

　　A．调整幻灯片位置　　　　　　　　B．删除幻灯片

　　C．编辑幻灯片内容　　　　　　　　D．复制幻灯片

17. 在 WPS 演示中，设置幻灯片放映的换页效果为"随机线条"，应使用（　　）选项卡。

　　A．动画　　　　B．切换　　　　C．开始　　　　D．插入

18. 在 WPS 演示中，已设置了幻灯片的动画，但没有看到动画效果，应切换到（　　）。

　　A．普通视图　　　　　　　　　　　B．幻灯片浏览视图

　　C．备注页视图　　　　　　　　　　D．幻灯片放映视图

19. 在 WPS 演示中，下述在幻灯片的占位符中添加文本的方法中，错误的是（　　）。

　　A．单击占位符，将插入点置于该占位符内，然后直接输入文本

　　B．在标题占位符内单击，占位符内的提示文本自动消失

　　C．文本输入完毕，单击幻灯片旁边的空白处使用操作生效

　　D．文本输入中不能出现标点符号

20. 在 WPS 演示中，向幻灯片添加动作按钮正确的方法是（　　）。

　　A．单击"插入"选项卡→"形状"按钮，在列表框中选择"动作按钮"区中的某一按钮。

　　B．单击"插入"选项卡→"图标"按钮，在列表框中选择"动作按钮"区中的某一按钮。

　　C．单击"开始"选项卡→"动作按钮"按钮

　　D．单击"设计"选项卡→"动作按钮"按钮

21．在 WPS 演示中如果要建立一个指向某一程序的动作按钮，应该"动作设置"对话框中选择（　　）选项。

  A．无动作   B．运行对象   C．运行程序   D．超链接到

22．要使幻灯片在放映时能够自动播放，需要为其设置（　　）。

  A．超级链接 B．动作按钮   C．添加动画   D．排练计时

23．在幻灯片的"动作设置"对话框中，设置的超链接对象不允许链接到（　　）。

  A．下一张幻灯片   B．一个应用程序

  C．其他演示文稿   D．幻灯片中的某一对象

24．下面关于打上隐藏标记的幻灯片的叙述，正确的是（　　）。

  A．幻灯片被删除   B．可以在任何视图方式下编辑

  C．播放时不显示   D．不能在任何视图方式下编辑

25．关于母版的描述，不正确的是（　　）。

  A．WPS 演示通过幻灯片母版来控制幻灯片上不同部分的表现形式

  B．幻灯片母版可以预先定义幻灯片的前景颜色、文本颜色、字体大小等

  C．对幻灯片母版的修改不影响任何一张幻灯片

  D．版式母版可以添加或删除

26．在 WPS 演示中，要在幻灯片上显示幻灯片编号，需要（　　）。

  A．单击"插入"选项卡→"幻灯片编号"

  B．单击"开始"选项卡→"幻灯片编号"

  C．单击"设计"选项卡→"幻灯片编号"

  D．单击"切换"选项卡→"幻灯片编号"

27．在 WPS 演示中，在空白幻灯片中不可以直接插入（　　）。

  A．文本框 B．文字   C．艺术字   D．WPS 文字表格

28．放映幻灯片时，用户可以利用绘画笔在幻灯片上写字或画画，这些内容（　　）。

  A．自动保存在演示文稿中   B．不能保存在演示文稿中

  C．在本次演示中不可擦除   D．在本次演示中可以擦除

29．在 WPS 演示中，设置段落格式的行距时，设置的行距值是指（　　）。

  A．文本中行与行之间的距离，用相对的数值表示其大小

  B．行与行之间的实际距离，单位是毫米

  C．行间距在显示时的像素个数

  D．以上答案都不对

30．在 WPS 演示中，以下关于设置一个链接到另一张幻灯片的按钮的操作描述中，正确的是（　　）。

  A．在"动作按钮"中选择一个按钮,并在"动作设置"对话框中的"超链接到"中选择"幻灯片"，并在随即出现的对话框中选择要链接到的幻灯片，单击"确定"按钮

  B．在"动作按钮"中选择一个按钮，并在"动作设置"对话框中的"超链接到"中选择"下一张幻灯片"，并在随即出现的对话框中选择要链接到的幻灯片，单击"确定"按钮

　　C．在"动作按钮"中选择一个按钮，并在"动作设置"对话框中的"超链接到"
　　　中直接输入要链接的幻灯片名称，单击"确定"按钮

　　D．在"动作按钮"中选择一个按钮，并在"动作设置"对话框中的"运行程序"
　　　中直接输入要链接的幻灯片名称，单击"确定"按钮

31．WPS 演示文稿的扩展名是（　　　）。

　　A．dps　　　　　　B．pot　　　　　　C．xls　　　　　　D．doc

32．在 WPS 演示中，在占位符中添加完文本后，（　　　）可使操作生效。

　　A．按 Enter 键　　　　　　　　　B．单击幻灯片的空白区域

　　C．单击保存　　　　　　　　　　D．单击撤销

33．在 WPS 演示中，选择"另存为"命令，不能将文件保存为（　　　）。

　　A．文本文件（*.txt）　　　　　　B．PDF（*.pdf）

　　C．WPS 演示文件（*.dps）　　　　D．WPS 演示模板文件（*.dpt）

34．在 WPS 演示中，下列有关嵌入的说法中错误的是（　　　）。

　　A．嵌入的对象不链接源文件

　　B．如果更新源文件，嵌入到幻灯片中的对象并不改变

　　C．用户可以双击一个嵌入对象打开对象对应的应用程序，以便于编辑和更新对象

　　D．对嵌入对象编辑完毕后，要返回到 WPS 演示编辑环境，需重新启动 WPS 演示

35．在 WPS 演示中，有关人工设置放映时间的说法中错误的是（　　　）。

　　A．只有单击鼠标时才换页　　　　B．可以设置在单击鼠标时换页

　　C．可以设置每隔一段时间自动换页　　D．B、C 两种方法都可以换页

36．在 WPS 演示中，下列说法中错误的是（　　　）。

　　A．可以在浏览视图中更改某张幻灯片上动画对象的出现顺序

　　B．可以在普通视图中设置动态显示文本和对象

　　C．可以在浏览视图中设置幻灯片切换效果

　　D．可以在普通视图中设置幻灯片切换效果

37．在演示文稿中新增一张幻灯片的方法是（　　　）。

　　A．单击"插入"选项卡→"新建幻灯片"按钮，或按 Ctrl+M 组合键

　　B．单击"设计"选项卡→"新建幻灯片"按钮，或按 Ctrl+M 组合键

　　C．在幻灯片编辑窗格中按下 Enter 键

　　D．在幻灯片编辑窗格中按下 Esc 键

38．关于幻灯片页面版式的叙述，不正确的是（　　　）。

　　A．幻灯片的大小可以改变

　　B．幻灯片应用的设计主题一旦选定，以后不可改变

　　C．同一演示文稿允许使用多种设计主题

　　D．幻灯片的方向可以改变

39．为幻灯片添加动作按钮，可以使用（　　　）选项卡。

　　A．开始　　　　　B．插入　　　　　C．幻灯片放映　　　D．文件

40. 在WPS演示中设置文本的行距及段间距，可以使用（　　）。
    A．"文件"选项卡　　　　　　　　　B．"格式"选项卡
    C．"开始"选项卡　　　　　　　　　D．"插入"选项卡

41. 在幻灯片上插入图片，以下说法正确的是（　　）。
    A．只能从WPS演示的图片库中选取
    B．WPS演示不带图片库，只能从外部插入图片
    C．单击"插入"选项卡→"图片"项按钮，可以插入一张图片
    D．不能通过幻灯片上内容占位符中的按钮插入图片

42. 在幻灯片浏览视图中，可以进行的操作是（　　）。
    A．添加、删除、移动、复制幻灯片　　B．添加说明或注释
    C．添加文本、图像及其他对象　　　　D．设置幻灯片上对象的动画效果

43. 画矩形时，按住（　　）键能画出正方形。
    A．Ctrl　　　　　　B．Alt　　　　　　C．Shift　　　　　　D．以上都不是

44. 在WPS演示中，对象动画主要包括（　　）几类动画效果。
    A．"进入"和"强调"　　　　　　　　B．"退出"和"强调"
    C．"进入"和"退出"　　　　　　　　D．"进入""强调""退出"和"动作路径"

45. 对于已添加"自定义动画"的对象，以下说法错误的是（　　）。
    A．可以删除对象的动画效果
    B．可以更改对象的动画效果
    C．幻灯片中对象左上角的数字代表幻灯片放映时，对象动画出现的先后顺序
    D．不可以调整对象动画的先后顺序

46. WPS演示幻灯片浏览视图下，按住Ctrl键并拖动某幻灯片，可以完成（　　）操作。
    A．移动幻灯片　　B．复制幻灯片　　C．删除幻灯片　　D．选定幻灯片

47. 下列不属于WPS演示视图的是（　　）。
    A．普通视图　　　　　　　　　　　　B．幻灯片浏览视图
    C．幻灯片放映视图　　　　　　　　　D．详细资料视图

48. 在WPS演示中，要在各张幻灯片的相同位置插入相同的小图片，较方便的方法是在
（　　）中设置。
    A．普通视图　　　　　　　　　　　　B．幻灯片浏览视图
    C．幻灯片放映视图　　　　　　　　　D．幻灯片母版

49. 在WPS演示中，若要设置幻灯片在放映时能每隔3秒自动转到下一页，可使用
（　　）选项卡进行设置。
    A．切换　　　　　　B．动画　　　　　　C．播放　　　　　　D．幻灯片放映

50. 关于"超链接"，以下说法错误的是（　　）。
    A．超链接只能跳转到另一个演示文稿
    B．超链接可跳转到某个WPS文字文档、WPS表格文档
    C．超链接可以指向某个邮件地址
    D．超链接可以链接到某个Internet地址

51. 演示文稿的基本组成单元是（　　）。

　　A．文本　　　　　B．图形　　　　　C．超链接　　　　　D．幻灯片

52. 在 WPS 演示中，下列有关幻灯片背景设置的说法，正确的是（　　）。

　　A．不能用图片作为幻灯片背景

　　B．不能为演示文稿的不同幻灯片设置不同颜色的背景

　　C．可以为演示文稿中的所有幻灯片设置相同的背景

　　D．不能使用纹理作为幻灯片背景

53. 在 WPS 演示中，利用"隐藏幻灯片"操作，幻灯片将会（　　）。

　　A．将幻灯片从演示文稿中删除

　　B．在幻灯片放映时不放映，但仍保存在文件中

　　C．在幻灯片放映时可放映，但是幻灯片上的部分内容被隐藏

　　D．在普通视图的"幻灯片 / 大纲浏览窗格"中被隐藏

54. 要进行幻灯片页面设置、设计主题选择，可以在（　　）选项卡中操作。

　　A．开始　　　　　B．插入　　　　　C．视图　　　　　D．设计

55. 要对幻灯片母版进行设计和修改时，应在（　　）选项卡中操作。

　　A．设计　　　　　B．审阅　　　　　C．插入　　　　　D．幻灯片母版

56. 从当前幻灯片开始放映幻灯片的快捷键是（　　）。

　　A．Shift + F5　　　　　　　　　B．Shift + F4

　　C．Shift + F3　　　　　　　　　D．Shift + F2

57. 从第一张幻灯片开始放映幻灯片的快捷键是（　　）。

　　A．F2　　　　　　B．F3　　　　　　C．F4　　　　　　D．F5

58. 要设置幻灯片中对象的动画效果以及动画的出现方式，应在（　　）选项卡中操作。

　　A．切换　　　　　B．动画　　　　　C．设计　　　　　D．审阅

59. 要设置幻灯片的切换效果以及切换方式时，应在（　　）选项卡中操作。

　　A．开始　　　　　B．设计　　　　　C．切换　　　　　D．动画

60. 要对演示文稿进行保存、打开、新建、打印等操作，应在（　　）选项卡中操作。

　　A．文件　　　　　B．开始　　　　　C．设计　　　　　D．审阅

61. 要在幻灯片中插入表格、图片、艺术字、视频、音频等元素时，应在（　　）选项卡中操作。

　　A．文件　　　　　B．开始　　　　　C．插入　　　　　D．设计

62. 在"幻灯片浏览视图"方式下，双击幻灯片可以（　　）。

　　A．直接进入普通视图　　　　　　B．弹出快捷菜单

　　C．删除该幻灯片　　　　　　　　D．插入备注或说明

三、多项选择题

1. 在下列 WPS 演示的各种视图中，可以插入、删除、移动幻灯片的视图有（　　）。

　　A．备注页视图　　　　　　　　　B．幻灯片浏览视图

　　C．幻灯片放映视图　　　　　　　D．普通视图

2．在演示文稿中新增一张幻灯片的方法是（　　　）。

   A．在"普通视图"的幻灯片 / 大纲浏览窗格中，单击选中一张幻灯片，按下 Enter 键

   B．单击选中一张幻灯片，单击"开始"→"新建"按钮

   C．在"普通视图"的幻灯片 / 大纲浏览窗格中或"幻灯片浏览视图"中，单击选中一张幻灯片，按 Ctrl+M 组合键

   D．单击选中一张幻灯片，单击"插入"→"新建"按钮

3．在 WPS 演示中，下列有关移动和复制文本的叙述正确的有（　　　）。

   A．文本剪切的快捷键是 Ctrl+P   B．文本复制的快捷键是 Ctrl+C

   C．文本复制和文本剪切是有区别的   D．文本粘贴的快捷键是 Ctrl+V

4．在 WPS 演示中设置文本的字体时，下列关于字号的叙述中正确的是（　　　）。

   A．中文字号的数值越小，字体就越大，如"一号"字大于"二号"字

   B．中文字号的数值越小，字体就越小，如"一号"字小于"二号"字

   C．66 磅字比 72 磅字大

   D．字号决定每种字体的尺寸

5．在"动作设置"对话框中可（　　　）执行动作方式。

   A．单击鼠标   B．双击鼠标   C．鼠标移过   D．按任意键

6．在 WPS 演示的幻灯片浏览视图中，可进行的操作有（　　　）。

   A．复制幻灯片   B．对幻灯片上的文本内容进行编辑修改

   C．插入幻灯片   D．可以进行"自定义动画"设置

7．在 WPS 演示中，为了便于编辑和调试演示文稿，提供了多种不同的视图显示方式，WPS 演示没有提供的视图有（　　　）。

   A．页面视图   B．普通视图

   C．幻灯片浏览视图   D．Web 版式视图

8．在 WPS 演示中，以下叙述正确的有（　　　）。

   A．一个演示文稿中只能有一张幻灯片母版

   B．在任意时刻，幻灯片编辑窗格内只能查看或编辑一张幻灯片

   C．在幻灯片上可以插入多种对象，除了可以插入图片、图表外，还可以插入声音、公式和视频等

   D．备注页的内容与幻灯片内容分别存储在两个不同的文件中

9．在 WPS 演示中，用"文本框"工具在幻灯片中添加文本的操作，下列叙述正确的有（　　　）。

   A．添加文本框可以从"插入"选项卡开始

   B．文本插入完成后自动保存

   C．文本框的大小不可改变

   D．文本框的大小可以改变

10．在 WPS 演示中，要将剪贴板上的文本插入到指定位置，下列操作中错误的是（　　　）。

   A．将光标置于想要插入的文本位置，单击"开始"选项卡中的"粘贴"按钮

   B．将光标置于想要插入的文本位置，单击"开始"选项卡中的"插入"命令

C．将光标置于想要插入的文本位置，使用组合键 Ctrl+C

D．将光标置于想要插入的文本位置，使用组合键 Ctrl+T

11．在 WPS 演示中，有关创建表格的说法正确的有（　　）。

A．表格创建是在普通视图中进行的

B．创建表格可以从"插入"选项卡→"表格"按钮开始

C．可以手动绘制表格

D．以上说法都不对

12．在幻灯片浏览视图中要选中所有幻灯片，可以用（　　）方法。

A．直接按下 Ctrl+A 快捷键　　　　B．拖曳鼠标框选住所有幻灯片

C．直接按下 Shift+A 快捷键　　　　D．按住 Ctrl 键的同时，使用鼠标逐个单击

13．WPS 演示的操作界面由（　　）组成。

A．显示区　　　　B．功能区　　　　C．工作区　　　　D．状态区

14．在 WPS 演示中，下列说法正确的有（　　）。

A．文本选择完毕，所选文本高亮显示

B．文本选择完毕，所选文本会闪烁

C．单击文本区会显示插入点

D．单击文本区，文本框或占位符变成闪烁

15．在 WPS 演示中，下列关于设置文本的段落格式叙述中错误的是（　　）。

A．图形不能作为项目符号

B．要设置文本的段落格式，可以从"插入"选项卡中选择命令按钮

C．行距是可以是任意值多倍行距

D．以上说法全都不对

16．在使用 WPS 演示的幻灯片放映视图放映演示文稿过程中，要结束放映，可采取的操作方法有（　　）。

A．按 Ctrl+E 组合键

B．按 Enter 键

C．右击，从弹出的快捷菜单中选择"结束放映"命令

D．按 Esc 键

17．在进行幻灯片动画设置时，可以设置的动画类型有（　　）。

A．进入　　　　　　　　　　B．强调

C．退出　　　　　　　　　　D．动作路径

18．在"切换"选项卡中，可以进行的操作有（　　）。

A．设置幻灯片的切换效果　　　B．设置幻灯片的换片方式

C．设置幻灯片的版式　　　　　D．设置幻灯片切换效果的持续时间

19．下列属于"插入"选项卡工具命令的是（　　）。

A．表格、公式、符号　　　　　B．图片、形状

C．图表、文本框、艺术字　　　D．视频、音频

20. 下列属于"开始"选项卡工具命令的是（　　）。

　　A．粘贴、剪切、复制　　　　　　B．查找、替换、选择

　　C．新建幻灯片、设置幻灯片版式　　D．设置字体、段落格式

21. WPS 演示的功能区由（　　）组成。

　　A．菜单栏　　　　　　　　　　　B．快速访问工具栏

　　C．选项卡　　　　　　　　　　　D．工具组

22. WPS 演示的优点有（　　）。

　　A．为演示文稿带来更多活力和视觉冲击

　　B．添加个性化视频体验

　　C．使用美妙绝伦的图形创建高质量的演示文稿

　　D．用新的幻灯片切换和动画吸引访问群体

23. 在"视图"选项卡中，可以进行的操作有（　　）。

　　A．选择演示文稿的视图模式　　　B．更改母版视图的设计和版式

　　C．设置显示比例　　　　　　　　D．显示标尺、网格线和参考线

24. 在 WPS 演示中，关于在形状上添加文本的描述错误的是（　　）。

　　A．在选中的形状上右击，在出现的快捷菜单中选择"编辑文字"即可

　　B．直接在图形上编辑

　　C．另存到图像编辑器编辑

　　D．用"粘贴"在图形上加文本

四、填空题

1. 要选中多张不连续的幻灯片，应在幻灯片浏览或普通视图下，按住 _____ 键，用鼠标单击所需的幻灯片。

2. 在放映幻灯片时，中途要退出播放状态，应按的功能键是 _____。

3. 在 WPS 演示文稿中，为幻灯片设置放映时的切换方式，应使用 _____ 选项卡。

4. 演示文稿中每张幻灯片都是基于某种 _____ 创建的，它预定义了新建幻灯片的各种占位符布局情况。

5. 在 WPS 演示中，若要设置配色方案，可单击 _____ 选项卡中的"配色方案"按钮。

6. 在幻灯片浏览视图下，按住鼠标左键不放，拖动某幻灯片，将完成该幻灯片的 _____ 操作，并更改幻灯片的播放顺序。

7. 打印演示文稿，可以分别打印演示文稿的 _____、大纲、 _____ 和讲义。

8. WPS 演示的普通视图可同时显示幻灯片、大纲和 _____，而这些视图所在的窗口都可以调整大小，以便看到所有的内容。

9. 在幻灯片上插入"智能图形"，可以单击 _____ 选项卡中的"智能图像"命令按钮。

10. 要使幻灯片根据预先设置好的"排练计时"时间不断重复放映，需要在 _____ 对话框中设置幻灯片的放映类型为"在展台浏览"。

11. 将文本添加到幻灯片，最简易的方式是直接在幻灯片的占位符中键入文本。要在占位符以外的其他地方添加文字，可以在幻灯片中使用 _____。

12．普通视图将幻灯片、大纲、_____ 集成到一个视图中。

13．WPS 演示文稿文件扩展名是 _____。

14．在 WPS 演示中，在 _____ 视图下，可以对幻灯片上的各种对象进行编辑操作。

15．在 WPS 演示中，插入新幻灯片的快捷键是 _____。

16．要设置幻灯片的起始编号，应执行"设计"选项卡下的 _____ 命令。

17．在 WPS 演示中，可以为幻灯片中的文字、形状、图片等对象添加动画效果，设计基本动画的方法是：先选择好对象，然后单击 _____ 选项卡，选择动画列表中的一种动画。

18．在演示文稿中插入一张新幻灯片时，幻灯片上的含有提示文字的虚线的矩形框叫作 _____。

19．WPS 演示提供了幻灯片母版、讲义母版和 _____ 母版。

20．选择 _____ 选项卡中的"背景"按钮，可以改变幻灯片的背景。

21．若要使幻灯片在放映时能够自动播放，需要为事先设置 _____。

22．对于演示文稿中不准备放映的幻灯片，可以选择 _____ 选项卡中的"隐藏幻灯片"命令。

23．WPS 演示文稿的放映类型主要包括 _____ 和"展台自动循环放映（全屏幕）"。

24．在 WPS 演示中，从第一张幻灯片开始放映演示文稿的功能键是 _____。

25．用户可以自定义幻灯片的背景，幻灯片背景既可以是纯色，也可以是 _____、纹理、图案和图片等填充效果。

五、简答题

1．举例说明在"动画窗格"中可以完成哪些操作。

2．在幻灯片放映时，如果要设置从第 2 张幻灯片跳转到第 9 张幻灯片，有哪些实现方法？

3．修改幻灯片的版式后，幻灯片上原有的文本是否会丢失？

4．思考通过哪些方法可以向幻灯片上添加文字。

5．演示文稿与幻灯片有何区别，有何联系？

6．如何修改幻灯片母版的背景填充效果？主要有哪些填充效果？修改后是否所有幻灯片背景都与幻灯片母版一致。

7．制作一个自我介绍的演示文稿，包括自己的姓名、学历、经历、兴趣爱好、特长、所学课程等，要求在演示文稿中插入形状、智能图形、图片、声音等对象，并设置对象动画效果、幻灯片切换效果。

第六部分　计算机网络与信息安全习题

一、判断题

1．双绞线分为屏蔽双绞线（STP）与非屏蔽双绞线（UTP）两种，前者抗干扰能力更强，但成本比后者更高。　　　　　　　　　　　　　　　　　　　　　　（　　）

2．IP 地址由网络号与主机号两部分组成。网络号用来表示 Internet 中的一个特定网络，主机号表示这个网络中的一个特定连接。　　　　　　　　　　　　　　（　　　）

3．所有的 IP 地址都由国际组织 OSI（国际标准化组织）负责统一分配，目前全世界共有三个这样的网络信息中心。　　　　　　　　　　　　　　　　　　（　　　）

4．Usenet 是世界范围的新闻组网络系统，由成千上万个新闻组组成，囊括了整个互联网上几乎所有的论坛信息。通过 Usenet，人们可以张贴个人信息、回答其他人的问题等等。（　　　）

5．远程登录是在网络通信协议 FTP 的支持下使本地计算机暂时成为远程计算机仿真终端的过程。远程登录通过 Internet 进入和使用远距离的计算机系统，就像使用本地计算机一样。　　　　　　　　　　　　　　　　　　　　　　　　　　　（　　　）

6．Telnet 用于下载和上传文件，它允许用户从本地计算机连接到远程计算机上，查看远程计算机中的文件并将文件从远程计算机复制到本地计算机。　　　　　　　（　　　）

7．网络接口板又称为通信适配器或网络适配器或网络接口，简称网卡。　（　　　）

8．交换机是 TCP/IP 第二层的多端口设备。交换机能够对任意两个端口进行临时连接，将信息帧从一个端口传送到目标节点所在的其他端口，而不会向所有其他的端口广播。（　　　）

9．路由器工作在网络体系结构中的应用层，它可以在多个网络上交换和路由数据数据包。路由器不但能过滤和分隔网络信息流、连接网络分支，还能访问数据包中更多的信息。（　　　）

10．Internet 起源于 20 世纪 60 年代的美国，美国国防部高级研究计划局主持研制用于支持军事研究的计算机实验网 ARPANET。　　　　　　　　　　　　　　（　　　）

11．WWW（World Wide Web），俗称 3W，中文名为"万维网"，它属于广域网，最常利用到它的 Internet 的功能。　　　　　　　　　　　　　　　　　　（　　　）

12．局域网的地理范围一般在几公里之内，具有结构简单、组网灵活的特点。（　　　）

13．Internet 网络是世界上最大的网络，通过它可以把世界各国的各种网络联系在一起。　　　　　　　　　　　　　　　　　　　　　　　　　　　　（　　　）

14．Internet 网络是计算机和通信两大技术相结合的产物。　　　　　（　　　）

15．在局域网（LAN）网络中可以采用 TCP/IP 通信协议。　　　　　（　　　）

16．ISP 是指 Internet 服务提供商。　　　　　　　　　　　　　　（　　　）

17．在计算机网络中只能共享软件资源，不能共享硬件资源。　　　　（　　　）

18．Internet Explorer 浏览器在脱机状态下不能浏览任何资源。　　　（　　　）

19．http://www.scit.edu.cn/default.htm 中 http 是一种传输协议。　（　　　）

20．公开密钥又称对称密钥。加密和解密时使用不同的密钥，即不同的算法，虽然两者之间存在一定的关系，但不可能轻易地从一个推导出另一个。　　　　　　（　　　）

21．当用户采用拨号方式上网时，用户计算机得到一个临时的 IP 地址。（　　　）

22．客户机 / 服务器系统中提供资源的计算机叫客户机，使用资源的计算机叫服务器。　　　　　　　　　　　　　　　　　　　　　　　　　　　　（　　　）

23．在访问 Internet 时必须在计算机中安装 Internet Explorer 才能访问 Internet 站点。（　　　）

24．Outlook Express 发送电子邮件不通过电子邮件服务器，而是直接传到用户的计算机上。　　　　　　　　　　　　　　　　　　　　　　　　　（　　　）

25．在 WWW 上，每个信息资源都有统一且唯一的 URL 地址。　　（　　　）

26．只要将几台计算机使用电缆连接在一起，计算机之间就能够通信。　　（　　）

27．IP 地址包括网络地址和网内计算机，必须符合 IP 通信协议，具有唯一性，共含有 32 个二进制位。　　（　　）

28．域名和 IP 地址是同一概念的两种不同说法。　　（　　）

29．Internet 网络主要通过 FTP 协议实现各种网络的互联。　　（　　）

30．http://www.scit.edu.cn/default.htm 中 edu 代表医院机构。　　（　　）

31．Internet 电子邮件扩充协议是 SMTP。　　（　　）

二、单项选择题

1．对于 A 类 IP 地址，下列说法错误的是（　　）。

　　A．它主要用于较大规模的网络

　　B．它的高 8 位代表网络号，后 3 个 8 位代表主机号

　　C．在单个网中最多可以有 16777216 个主机

　　D．它的十进制的第 1 组数值范围为 1 ～ 191，第一位二进制位是 0

2．计算机网络的主要功能包括（　　）。

　　A．日常数据收集、数据加工处理、数据可靠性、分布式处理

　　B．数据通信、资源共享、数据管理与信息处理

　　C．图片视频等多媒体信息传递和处理、分布式计算

　　D．数据通信、资源共享、提高可靠性、分布式处理

3．国际标准化组织建立了（　　）参考模型。

　　A．OSI　　　　　　B．TCP/IP　　　　　C．HTTP　　　　　D．ARPA

4．对于 B 类 IP 地址说法错误的是（　　）。

　　A．就由两字节的网络地址和两字节主机地址组成

　　B．网络地址的最高位必须是"10"。B 类 IP 地址中网络的标识长度为 14 位，主机标识的长度为 16 位

　　C．地址范围 128.1.0.1 ～ 191.254.255.254

　　D．地址的子网掩码为 255.255.255.0

5．对于 C 类 IP 地址，下列说法错误的是（　　）。

　　A．一个 C 类 IP 地址就由两字节的网络地址和两字节主机地址组成，网络地址的最高位必须是"110"

　　B．C 类 IP 地址中网络的标识长度为 21 位，主机标识的长度为 8 位，它的地址范围 192.0.1.1 ～ 223.255.254.254

　　C．C 类 IP 地址的子网掩码为 255.255.255.0

　　D．C 类网络地址数量较多，适用于小规模的局域网络，如校园网等

6．FTP 是指（　　）。

　　A．远程登录　　　B．网络服务器　　　C．域名　　　　　D．文件传输协议

7．WWW 的网页文件是在（　　）传输协议支持下运行的。

　　A．FTP 协议　　　B．HTTP 协议　　　C．SMTP 协议　　　D．IP 协议

8. 广域网和局域网是按照（　　）来分的。

    A．网络使用者　　　　　　　　　　　　B．信息交换方式

    C．网络作用范围　　　　　　　　　　　　D．传输控制协议

9. TCP/IP 协议的含义是（　　）。

    A．局域网传输协议　　　　　　　　　　B．拨号入网传输协议

    C．传输控制协议和网际协议　　　　　　D．网际协议

10. 下列主机 IP 地址中，正确的是（　　）。

    A．192.168.5　　　　　　　　　　　　　B．202.116.256.10

    C．10.215.215.1.3　　　　　　　　　　　D．172.16.55.69

11. 以下关于访问 Web 站点的说法正确的是（　　）。

    A．只能输入 IP 地址　　　　　　　　　　B．需同时输入 IP 地址和域名

    C．只能输入域名　　　　　　　　　　　D．可以输入 IP 地址或输入域名

12. 电子邮箱的地址由（　　）。

    A．用户名和主机域名两部分组成，它们之间用符号"@"分隔

    B．主机域名和用户名两部分组成，它们之间用符号"@"分隔

    C．主机域名和用户名两部分组成，它们之间用符号"."分隔

    D．用户名和主机域名两部分组成，它们之间用符号"."分隔

13. 网络的传输速率是 10MB/s，其含义是（　　）。

    A．每秒传输 10MB 字节　　　　　　　　B．每秒传输 10MB 二进制位

    C．每秒可以传输 10MB 个字符　　　　　D．每秒传输 10000000 二进制位

14. Internet 的中文含义是（　　）。

    A．因特网　　　　B．城域网　　　　C．互联网　　　　D．局域网

15. E-mail 邮件本质上是（　　）。

    A．一个文件　　　B．一份传真　　　C．一个电话　　　D．一个电报

16. 要想让计算机上网，至少要在微机内增加一块（　　）。

    A．网卡　　　　　B．显示卡　　　　C．声卡　　　　　D．路由器

17. 域名系统 DNS 的作用是（　　）。

    A．存放主机域名　　　　　　　　　　　B．存放 IP 地址

    C．存放邮件的地址表　　　　　　　　　D．将域名转换成 IP 地址

18. Internet 采用的通信协议是（　　）。

    A．HTTP　　　　　B．TCP/IP　　　　C．SMTP　　　　　D．POP3

19. IP 地址 192.168.54.23 属于（　　）IP 地址。

    A．A 类　　　　　B．B 类　　　　　C．C 类　　　　　D．以上答案都不对

20. 如果一个 WWW 站点的域名地址是 www.bju.edu.cn，则它是（　　）站点。

    A．教育部门　　　B．政府部门　　　C．商业组织　　　D．以上都不是

21. 下列不是计算机网络系统的拓扑结构的是（　　）。

    A．星型结构　　　　　　　　　　　　　B．单线结构

    C．总线型结构　　　　　　　　　　　　D．环型结构

22. 在计算机网络中，通常把提供并管理共享资源的计算机称为（   ）。

    A. 服务器　　　　B. 工作站　　　　C. 网关　　　　D. 路由器

23. 如果一个 WWW 站点的域名地址是 www.sjtu.edu.jp，则它一定是（   ）的站点。

    A. 美国　　　　B. 中国　　　　C. 英国　　　　D. 日本

24. 在下列 IP 地址中，可能正确的是（   ）。

    A. 202.112.37　　　　　　　　　B. 202.112.37.47

    C. 256.112.234.12　　　　　　　D. 202.112.258.100.234

25. 在计算机网络中，通常把提供并管理共享资源的计算机称为（   ）。

    A. 工作站　　　　B. 网关　　　　C. 路由器　　　　D. 服务器

26. WWW 的网页文件是在（   ）传输协议支持下运行的。

    A. FTP 协议　　　B. HTTP 协议　　　C. SMTP 协议　　　D. IP 协议

27. 计算机网络的主要功能是（   ）。

    A. 管理系统的所有软、硬件资源　　　B. 实现软、硬资源共享

    C. 把源程序转换为目标程序　　　　　D. 进行数据处理

28. 调制解调器（Modem）的作用是（   ）。

    A. 将计算机的数字信号转换成模拟信号

    B. 将模拟信号转换成计算机的数字信号

    C. 将计算机数字信号与模拟信号互相转换

    D. 为了上网与接电话两不误

29. 域名与 IP 地址是通过（   ）服务器相互转换的。

    A. WWW　　　　B. DNS　　　　C. E-Mail　　　　D. FTP

30. 调制解调器包括调制和解调功能，其中调制功能是指（   ）。

    A. 将模拟信号转换成数字信号　　　B. 将数字信号转换成模拟信号

    C. 将光信号转换为电信号　　　　　D. 将电信号转换为光信号

31. 在不同局域网间使用的网络互联设备是（   ）。

    A. 集线器　　　　B. 网桥　　　　C. 交换机　　　　D. 路由器

32. Internet 中某一主机域名为 lab.scut.edu.cn，其中最低级域名为（   ）。

    A. lab　　　　B. scut　　　　C. edu　　　　D. cn

33. 目前网络的有形的传输介质中传输速率最高的是（   ）。

    A. 双绞线　　　　B. 同轴电缆　　　　C. 光缆　　　　D. 电话线

34. 衡量网络上数据传输速率的单位是 bps，其含义是（   ）。

    A. 信号每秒传输多少公里　　　　B. 信号每秒传输多少千公里

    C. 每秒传送多少个二进制位　　　D. 每秒传送多少个数据

35. Internet 使用的协议是（   ）。

    A. IPX/SPX　　　B. TCP/IP　　　C. FTP　　　D. SMTP

36. Internet 上访问 Web 信息的是浏览器，下列（   ）项不是 Web 浏览器。

    A. Internet Explorer　　　　　B. Navigate Communicator

    C. Opera　　　　　　　　　　D. Outlook Express

37. 一台微型计算机要与局域网连接，必须安装的硬件是（　　　）。

    A. 集线器　　　　　B. 网关　　　　　C. 网卡　　　　　D. 路由器

38. 就计算机网络分类而言，下列说法中规范的是（　　　）。

    A. 网络可以分为光缆网、无线网、局域网

    B. 网络可以分为公用网、专用网、远程网

    C. 网络可以分为局域网、广域网、城域网

    D. 网络可以分为数字网、模拟网、通用网

39. 通常所说的 OSI 模型分为（　　　）层。

    A. 4　　　　　　　B. 5　　　　　　　C. 6　　　　　　　D. 7

40. 下列四个 IP 地址中是 C 类地址的是（　　　）。

    A. 96.35.46.18　　　　　　　　　　　B. 135.46.68.82

    C. 195.46.78.52　　　　　　　　　　D. 242.56.42.41

41. 电子邮件是 Internet 应用最广泛的服务项目，通常采用的传输协议是（　　　）。

    A. SMTP　　　　　B. TCP/IP　　　　C. CSMA/CD　　　D. IPX/SPX

42. 以下 URL 地址写法正确的是（　　　）。

    A. http:/www.sinacom/index.html　　　B. http://www.sina.com/index.html

    C. http//www.sinacom/index.html　　　D. http//www.sina.com/index.html

43. 使用 Outlook Express 操作电子邮件，下列说法正确的是（　　　）。

    A. 发送电子邮件时，一次发送操作只能发送一个接收者

    B. 可以将任何文件作为邮件附件发送给收件人

    C. 接收方必须开机，发送方才能发送邮件

    D. 只能发送新邮件、回复邮件，不能转发邮件

44. 域名中的后缀 .gov 表示机构所属类型为（　　　）。

    A. 政府机构　　　　B. 教育机构　　　C. 商业机构　　　D. 军事机构

45. 地址为 202.18.66.5 的 IP 地址属于（　　　）IP 地址。

    A. A 类　　　　　　B. C 类　　　　　C. D 类　　　　　D. B 类

46. 要想把个人计算机用电话拨号方式接入 Internet 网，除性能合适的计算机外，硬件上还应配置一个（　　　）。

    A. 连接器　　　　　B. 调制解调器　　C. 路由器　　　　D. 集线器

47. 下列各项中，不能作为 IP 地址的是（　　　）。

    A. 202.96.0.1　　　　　　　　　　　B. 202.110.7.12

    C. 112.256.23.8　　　　　　　　　　D. 159.226.1.18

48. 下列网络传输介质中传输速率最高的是（　　　）。

    A. 屏蔽双绞线　　　　　　　　　　　B. 非屏蔽双绞线

    C. 光缆　　　　　　　　　　　　　　D. 同轴电缆

49. 微软的 IE（Internet Explorer）是一种（　　　）。

    A. 浏览器软件　　　　　　　　　　　B. 远程登录软件

    C. 网络文件传输软件　　　　　　　　D. 收发电子邮件软件

50. 一台计算机以 ADSL 方式接入因特网，该计算机与电话线之间的设备是（　　）。

　　A. 网卡　　　　　B. Modem　　　　C. 交换机　　　　D. 路由器

51. 通过 Internet 发送或接收电子邮件（E-mail）的首要条件是应该有一个电子邮件（E-mail）地址，它的正确形式是（　　）。

　　A. 用户名 @ 域名　　　　　　　　　B. 用户名 # 域名

　　C. 用户名 / 域名　　　　　　　　　D. 用户名 . 域名

52. OSI（开放系统互联）参考模型的最底层是（　　）。

　　A. 传输层　　　　B. 网络层　　　　C. 物理层　　　　D. 应用层

53. Internet 实现了分布在世界各地的各类网络的互联,其最基础和核心的协议是（　　）。

　　A. HTTP　　　　B. FTP　　　　　C. HTML　　　　D. TCP/IP

54. 在下列四项中，不属于 OSI 参考模型七个层次的是（　　）。

　　A. 会话层　　　　　　　　　　　B. 数据链路层

　　C. 用户层　　　　　　　　　　　D. 应用层

55. Internet 提供的最简便、快捷的通信工具是（　　）。

　　A. 文件传送　　　　　　　　　　B. 远程登录

　　C. 电子邮件（E-mail）　　　　　D. WWW 网

56. Internet 网络的通信协议是（　　）。

　　A. HTTP　　　　B. TCP　　　　　C. IPX　　　　　D. TCP/IP

57. WWW 的网页文件是在（　　）传输协议支持下运行的。

　　A. FTP 协议　　　　　　　　　　B. HTTP 协议

　　C. SMTP 协议　　　　　　　　　D. IP 协议

58. TCP 协议称为（　　）。

　　A. 网际协议　　　　　　　　　　B. 传输控制协议

　　C. Network 内部协议　　　　　　D. 中转控制协议

59. IP 地址由（　　）位二进制数组成。

　　A. 64　　　　　　B. 32　　　　　　C. 16　　　　　　D. 128

60. 中国的顶层域命名为（　　）。

　　A. CH　　　　　　B. CN　　　　　　C. CHI　　　　　D. CHINA

61. 下列关于发送电子邮件的说法中，不正确的是（　　）。

　　A. 可以发送文本文件　　　　　　B. 可以发送非文本文件

　　C. 可以发送所有格式的文件　　　D. 只能发送超文本文件

62. 简写 CERNET 的中文名称是（　　）。

　　A. 中国教育计算机网　　　　　　B. 中国科研计算机网

　　C. 中国公用计算机互联网　　　　D. 中国教育和科研计算机网

63. 在计算机网络中，通常把提供并管理共享资源的计算机称为（　　）。

　　A. 服务器　　　　B. 工作站　　　　C. 网关　　　　　D. 网桥

64. Internet 的每一台计算机都使用一个唯一且统一的地址，就是规范的（　　）。

　　A. TCP　　　　　B. IP　　　　　　C. WWW　　　　D. FTP

65. 计算机"局域网"的英文缩写为（　　）。

    A．WAN　　　　　B．CAM　　　　　C．LAN　　　　　D．WWW

66. 一个网络要正常工作，需要有（　　）的支持。

    A．多用户操作系统　　　　　　　　B．批处理操作系统

    C．分时操作系统　　　　　　　　　D．网络操作系统

67. Intranet 是（　　）。

    A．局域网　　　　B．广域网　　　　C．企业内部网　　　D．Internet 的一部分

68. ISDN 的含义是（　　）。

    A．计算机网　　　　　　　　　　　B．广播电视网

    C．综合业务数字网　　　　　　　　D．同轴电缆网

69. 在基于个人计算机的局域网中，网络的核心是（　　）。

    A．通信线　　　　B．网卡　　　　　C．服务器　　　　　D．路由器

70. B 类 IP 地址前 16 位表示网络地址，按十进制来看也就是第一段（　　）。

    A．大于 192，小于 256　　　　　　B．大于 127，小于 192

    C．大于 64，小于 127　　　　　　 D．大于 0，小于 64

71. 在 URL 服务器中，文件传输服务器类型表示为（　　）。

    A．http　　　　　B．ftp　　　　　　C．telnet　　　　　D．mail

72. 调制解调器（Modem）的功能是实现（　　）。

    A．数字信号的编码　　　　　　　　B．数字信号的整形

    C．模拟信号的放大　　　　　　　　D．模拟信号与数字信号的转移

73. 启动 Internet Explorer 就自动访问的网址，可以在（　　）设置。

    A．Internet 选项中"常规"的地址栏

    B．Internet 选项中"安全"的地址栏

    C．Internet 选项中"内容"的地址栏

    D．Internet 选项中"连接"的地址栏

74. 不属于 Internet 的资源是（　　）。

    A．E-mail　　　　B．FTP　　　　　C．Telnet　　　　　D．Telephone

75. 在 Outlook Express 中发送图片文件的方式是（　　）。

    A．把图片粘贴在电子邮件内容后　　B．把图片粘贴在电子邮件内容前

    C．把图片粘贴在电子邮件内容中　　D．把图片作为电子邮件的附件发送

76. Netware 采用的通信协议是（　　）。

    A．NETBEUI　　　B．NETX　　　　　C．IPX/SPX　　　　D．TCP/IP

77. Internet 中，主机的域名和主机的 IP 地址两者之间的关系是（　　）。

    A．完全相同，毫无区别　　　　　　B．一一对应

    C．一个 IP 地址对应多个域名　　　D．一个域名对应多个 IP 地址

78. Internet 中的 IP 地址（　　）。

    A．就是联网主机的网络号　　　　　B．可由用户任意指定

    C．是由主机名和域名组成　　　　　D．由 32 个二进制位组成

79．以下关于进入 Web 站点的说法，正确的是（　　　）。

    A．只能输入 IP

    B．需同时输入 IP 地址和域名

    C．只能输入域名

    D．可以通过输入 IP 地址或域名

80．下列（　　　）是 D 类 IP 地址。

    A．202.115.148.33

    B．126.115.148.33

    C．191.115.148.33

    D．240.115.148.33

81．Internet 中 DNS 是指（　　　）。

    A．域名服务系统

    B．发信服务系统

    C．收信服务系统

    D．电子邮箱服务系统

82．一座大楼内的一个计算机网络系统属于（　　　）。

    A．PAN   B．LAN   C．MAN   D．WAN

83．Internet 上的资源分为两类（　　　）。

    A．计算机和网络

    B．信息和网络

    C．信息和服务

    D．浏览和电子邮件

84．在 Outlook Express 的发送电子邮件界面中，抄送的作用是（　　　）。

    A．把信件发给发件人

    B．把信件发给收件人

    C．把信件附带发给其他人

    D．没有任何作用

85．某用户的 E-mail 地址是 Lu-sp@online.sh.cn，那么发送电子邮件的服务器是（　　　）。

    A．online.sh.cn

    B．Internet

    C．Lu-sp

    D．lwh.com.cn

86．计算机网络是按照（　　　）相互通信的。

    A．信息交换方式

    B．传输装置

    C．网络协议

    D．分类标准

87．建立一个计算机网络需要有网络硬件设备和（　　　）。

    A．体系结构

    B．资源子网

    C．网络操作系统

    D．传输介质

88．信号的电平随时间连续变化，这类信号称为（　　　）。

    A．模拟信号   B．传输信号   C．同步信号   D．数字信号

89．匿名 FTP 服务的含义是（　　　）。

    A．在 Internet 上没有地址的 FTP 服务

    B．允许没有账号的用户登录到 FTP 服务器

    C．发送一封匿名信

    D．可以不受限制地使用 FTP 服务器上的资源

90．在浏览网页时，若超链接以文字方式表示，文字上通常带有（　　　）。

    A．引号   B．括号   C．下划线   D．方框

91．下面关于博客说法中，正确的是（　　　）。

    A．又名"网购"或"网络购买"，是一种通常由个人管理、不定期进行网络购物的网站

    B．又名"网志"或"网络日志"，是一种通常由个人管理、不定期发布新文章的网站

    C．一种 FTP 服务器上的资源

    D．一种虚拟网的应用

92．下列叙述中错误的是（　　　）。

    A．发送电子邮件时，一次发送操作只能发送给一个接收者

    B．收发电子邮件时，接收方无需了解对方的电子邮件地址就能发回邮件

    C．向对方发送邮件时，并不需要对方一定处于开机状态

    D．使用电子邮件的首要条件是必须有一个电子邮箱

93．下列关于微博的说法，错误的是（　　　）。

    A．微博客的简称，是一个基于用户关系的信息分享、传播以及获取的平台

    B．用户可以通过 Web 以及各种客户端组件个人社区实现即时分享

    C．是博客的一种延伸应用，只是更加灵活，交互更加方便

    D．是淘宝网进行网络购物的一种优惠方式

94．在浏览某些中文网页时，出现乱码的原因是（　　　）。

    A．所使用的操作系统不同　　　　　　B．传输协议不一致

    C．中文系统的内码不同　　　　　　　D．浏览器软件不同

95．下列关于 Internet 的说法中不正确的有（　　　）。

    A．客户机上运行的是 WWW 浏览器

    B．服务器上运行的是 Web 页面文件

    C．服务器上运行的是 Web 服务程序

    D．客户机上运行的是 Web 页面文件

96．下列关于 TCP/IP 的说法中不正确的是（　　　）。

    A．TCP/IP 协议定义了如何对传输的信息进行分组

    B．IP 协议专门负责按地址在计算机之间传递信息

    C．TCP/IP 协议包括传输控制协议和网际协议

    D．TCP/IP 协议是一种计算机编程语言

97．数据传输速率的单位是 Mbps 指的是（　　　）。

    A．每秒钟传输多少兆字节　　　　　　B．每分钟传输多少兆字节

    C．每秒钟传输多少兆位　　　　　　　D．每分钟传输多少兆位

98．Internet 上的电子邮件扩充协议是（　　　）。

    A．FTP　　　　　　　　　　　　　　B．MIME

    C．TCP/IP　　　　　　　　　　　　　D．SMTP

99．BT 是一种互联网上新兴的 P2P 传输协议，包含发布资源信息的（　　　）。

    A．torrent 文件　　　　　　　　　　B．HTML 文件

    C．ASPX 文件　　　　　　　　　　　D．XML 文件

100．网络接口卡的基本功能包括数据转换、通信服务和（　　　）。

    A．数据传输　　　　　　　　　　　　B．数据缓存

    C．数据服务　　　　　　　　　　　　D．数据共享

101．有关电子邮件账号设置的说法中，正确的是（　　　）。

  A．接收电子邮件服务器一般采用 POP3 协议

  B．接收电子邮件服务器的域名或 IP 地址，应填入你的电子邮件地址

  C．发送电子邮件服务器域名或 IP 地址必须与接收电子邮件服务器相同

  D．发送电子邮件服务器域名或 IP 地址必须选择一个其他的服务器地址

102．无线城域网的英文缩写是（　　　）。

  A．WPAN   B．WLAN   C．WMAN   D．WMMA

103．匿名 FTP 可通过它连接到远程主机上，系统管理员为其建立了一个特殊的用户 ID，名为（　　　）。

  A．anonymous B．administrator C．user   D．admin

三、多项选择题

1．IEEE 的 802 标准委员会定义了多种主要的 LAN 网，包括（　　　）。

  A．以太网（Ethernet）   B．令牌环网（Token Ring）

  C．光纤分布式接口网络（FDDI） D．互联网

2．对于总线型网络结构的特点说法正确的是（　　　）。

  A．结构简单布线容易、可靠性较高，易于扩充

  B．节点的故障会殃及系统，是局域网常采用的拓扑结构之一

  C．由于信道独享，连接的节点可以较多，总线自身的故障不会导致系统的崩溃

  D．由于信道共享，连接的节点不宜过多，总线自身的故障可以导致系统的崩溃

3．不正确的 IP 地址是（　　　）。

  A．202.202.1   B．202.2.2.2.2

  C．202.112.111.1   D．202.257.14.13

4．对于星型网络结构的特点，下列说法正确的是（　　　）。

  A．结构简单、容易实现

  B．便于管理、易于扩展，通常以交换机作为中央节点，便于维护和管理

  C．中心结点是全网络的可靠瓶颈，中心结点出现故障会导致网络的瘫痪

  D．由于信道共享，连接的节点不宜过多，总线自身的故障可以导致系统的崩溃

5．对于环型网络结构的特点，下列说法正确的是（　　　）。

  A．结构复杂，传输距离短

  B．传输延迟确定，可以使用光纤

  C．环网中的每个结点均成为网络可靠性的瓶颈

  D．任意结点出现故障都会造成网络瘫痪，另外故障诊断也较困难

6．计算机网络分为（　　　）。

  A．校园网   B．光纤网   C．广域网   D．局域网

7．（　　　）是因特网的应用。

  A．电子邮件   B．全球万维网（WWW）

  C．文件传输（FTP）   D．远程登录（Telnet）

8. 搜索引擎的种类可分为（　　　）。

    A．全文索引   B．图片搜索引擎

    C．目录索引   D．垂直搜索引擎

9. 不属于 WWW 浏览器的软件是（　　　）。

    A．Navigator   B．Internet Explorer

    C．WWW   D．FTP

10. 属于计算机网络的组网硬件的有（　　　）。

    A．网卡   B．路由器   C．集线器   D．交换机

11. 计算机网络最突出的优点是（　　　）。

    A．通信   B．容量大

    C．运算速度快   D．共享资源

12. World Wide Web 的简称是（　　　）。

    A．WWW   B．WLW   C．FTP   D．3W

13. 因特网为我们提供（　　　）。

    A．电子邮件（E-mail）新闻讨论组（BBS）

    B．文件传输（FTP）和万维网冲浪（WWW）

    C．实时聊天（CHAT）、网络电话（IP）

    D．电子商务、在线游戏

14. 按网络拓扑结构分，网络可分为（　　）网络等。

    A．分组交换   B．星型   C．总线型   D．树型

15. 利用电子邮件，我们可以做到（　　　）。

    A．一信多发   B．邮寄多媒体   C．邮寄包裹   D．邮寄钞票

16. 构造计算机网络的主要意义是（　　　）。

    A．软、硬件资源共享   B．仅软件共享

    C．信息相互传递   D．软、硬件资料分享

17. 超文本的含义（　　　）。

    A．信息的表达形式   B．可以在文本文件中加入图片、声音等

    C．信息间可以相互转换   D．信息间的超链接

18. 一般来说，适合用来组织局域网的拓扑结构是（　　　）。

    A．总路型网   B．星型网   C．环型网   D．分布式网

19. （　　　）是错误的电子邮箱地址的格式。

    A．用户名＋计算机名＋机构名＋最高域名

    B．用户名＋@＋计算机名＋机构名＋最高域名

    C．计算机名＋机构名＋最高域名＋用户名

    D．计算机名＋@＋机构名＋最高域名＋用户名

20. （　　　）不是必须用于局域网的基本网络连接设备。

    A．集线器   B．网络适配器（网卡）

    C．调制解调器   D．路由器

21. 关于 IP 地址，下列说法正确的是（　　）。

    A．IP 地址每一个字节的最大十进制整数是 256

    B．IP 地址每一个字节的最大十进制整数是 255

    C．IP 地址每一个字节的最小十进制整数是 0

    D．IP 地址每一个字节的最小十进制整数是 1

22. 飞信具有的功能包括（　　）。

    A．具有聊天软件的基本功能

    B．可以通过 PC、手机、WAP 等多种终端登录，实现 PC 和手机间的无缝即时互通

    C．能够满足用户以匿名形式进行文字和语音的沟通需求

    D．可以开实时视频会议

23. Outlook Express 的主要特点有（　　）。

    A．管理多个电子邮件的新闻账号

    B．可以查看多台服务器上的电子邮件地址

    C．使用通信簿存储和检索电子邮件地址

    D．可在其中添加个人签名

24. 顶级域名又分为（　　）。

    A．国家顶级域名，如中国为 .cn

    B．体育顶级域名，如体育为 .sports

    C．国际顶级域名，如表示工商企业的 .Com

    D．大洲顶级域名，如表示欧洲的 .ur

25. 在 Internet 接入网中，目前可供选择的接入方式主要有（　　）。

    A．FDDI　　　　B．LAN　　　　C．ATM　　　　D．ADSL

26. 网页浏览器包括（　　）。

    A．Internet Explorer　　　　B．Opera

    C．Firefox　　　　D．Maxthon

27. 通过域名"www.tsinghaua.edu.cn"可以知道，这个域名（　　）。

    A．属于中国　　　　B．属于教育机构

    C．是一个 WWW 服务器　　　　D．需要拨号上网

28. 符合 IEEE 802.3 系列标准规范的以太网包括（　　）。

    A．标准以太网（10Mbps）　　　　B．高速环形网 FDDI

    C．快速以太网（100Mbps）　　　　D．千兆以太网（1000 Mbps）

29. 因特网渗透到社会生活的各个方面，远程教育就是其应用的一个实例。下面的说法中，错误的是（　　）。

    A．远程教育就是一般的函授

    B．教师和学生通过上网使计算机和多媒体视听设备互联，因此他们并不需要在同一个地方

    C．远程教育中，可以实现学生向老师提问

    D．远程教育的效果与网络的好坏无关

30. 关于 user@public.qa.fj.cn 电子邮件，正确的说法是（　　）。
    A. 该收件人标识为 user
    B. 该电子邮件服务器设在中国
    C. 该电子邮件服务器设在美国
    D. 知道该用户的电子邮件地址，还需要知道该用户的口令才能给他发电子邮件

31. 关于 Internet 中的 DNS，下列说法中正确的是（　　）。
    A. DNS 是域名服务系统的简称
    B. DNS 把 IP 地址转换为 MAC 地址
    C. DNS 按分层管理，CN 是顶级域名，表示中国
    D. 后缀名为 .gov 表明它是一个政府组织网站

32. Intranet 是采用 Internet 技术的企业内部网，主要技术体现在（　　）等方面。
    A. TCP/IP　　　　B. Office97　　　　C. Web　　　　D. E-mail

33. 应用层协议有（　　）。
    A. UDP　　　　B. POP　　　　C. STMP　　　　D. DNS

34. 下列关于 TCP/IP 协议的说法中正确的是（　　）。
    A. TCP 协议对应 OSI 七层协议中的网络层
    B. TCP 协议对应 OSI 七层协议中的传输层
    C. IP 协议对应 OSI 七层协议中的网络层
    D. IP 协议对应 OSI 七层协议中的传输层

35. 传输层协议有（　　）。
    A. TCP　　　　B. UDP　　　　C. SMTP　　　　D. IP

36. 下列 IP 地址中属于 B 类 IP 地址的有（　　）。
    A. 127.115.148.33　　　　　　　　B. 131.115.148.33
    C. 191.115.148.33　　　　　　　　D. 240.115.148.33

37. 下列 IP 地址中属于私有地址的有（　　）。
    A. 10.1.148.33　　　　　　　　　B. 131.115.148.33
    C. 224.115.148.33　　　　　　　　D. 192.168.148.33

38. 网际层的协议有（　　）。
    A. 网际协议 IP　　　　　　　　　B. 域名解析协议 DNS
    C. 地址解析协议 ARP　　　　　　D. 互联网组管理协议 IGMP

39. IP 地址由（　　）两部分组成。
    A. 网络标识　　　B. 用户标识　　　C. 主机标识　　　D. 电子邮件标识

40. 计算机网络的工作模式有（　　）。
    A. 对等模式　　　　　　　　　　B. 网络模式
    C. 客户机 / 服务器模式　　　　　D. 反馈模式

41. 电子商务系统必须保证具有十分可靠的安全保密技术的要素有（　　）。
    A. 信息传输的保密性　　　　　　B. 数据交换的完整性
    C. 发送信息的不可否认性　　　　D. 交易者身份的确定性

42．下列 IP 地址中是 D 类 IP 地址的有（　　）。

A．224.115.148.33 B．126.115.148.33

C．191.115.148.33 D．239.115.148.33

四、填空题

1．_____ 操作系统是向网络计算机提供服务的特殊操作系统。它是负责管理整个网络资源和方便网络用户的软件的集合。

2．子网掩码又叫网络掩码，它是一种用来指明一个 IP 地址的 _____ 以及 _____ 的位掩码。

3．所谓计算机网络，就是将地理位置不同且具有 _____ 功能的多台计算机系统，通过 _____ 和线路相互连接起来，并配以功能完善的网络软件以及 _____，实现网络资源共享与 _____ 的系统。

4．_____ 子网是由主计算机系统、各种软件资源与信息资源组成，代表着网络的数据处理资源和数据存储资源，负责全网数据处理、向网络用户提供网络资源和网络服务工作。_____ 子网是指网络中实现网络通信功能的设备及其软件的集合，它是网络的内层，负责信息的传输。

5．FTP 是 _____，它允许用户将文件从一台计算机传输到另一台计算机。

6．根据网络覆盖范围的大小，计算机网络可分为 _____、_____ 和城域网。

7．TCP/IP 协议的四层结构包括应用层、_____、网际层、_____。

8．OSI 参考模型的七个层次由低到高分别是物理层、_____、网络层、传输层、会话层、_____、应用层。

9．IP 地址是一组 _____ 的二进制数字组成。

10．IP 地址是每个字节的数据范围是 _____ 到 _____。

11．IP 地址的 C 类地址的第一字节的范围是 _____。

12．Internet 是 _____ 和 _____ 两大现代技术结合的产物。

13．域名 indi.shcnc.ac.cn 中表示主机名的是 _____。

14．Web 上每一页都有一具独立的地址，这些地址称作统一资源定位器，即 _____。

15．Internet 中提供资源的计算机叫 _____，使用资源的叫 _____。

16．IP 地址是一串很难记忆的数字，所以给主机赋予一个用字母代表的名字，并进行 IP 地址与名字之间的转换工作，这就是 _____。

17．HTML 文档又称为 _____ 文档，它由 _____、图形、_____ 等组成。

18．计算机网络的工作模式有 _____ 模式和客户机 / 服务器模式。

19．WWW 浏览器使用的应用协议是 _____。

20．域名地址中若有后缀 .gov，说明该网站是 _____ 创办的。

21．域名地址中若有后缀 .edu，表明该网站是 _____ 创办的。

五、简答题

1. 简述计算机网络的定义。
2. 简述计算机网络的功能。
3. 简述局域网特点。
4. 写出 URL 的语法形式，并分别说明每部分的含义。
5. 写出内部私有地址的地址范围。
6. 简述信息安全的定义和要素。
7. 简述有哪些信息安全技术。
8. 简述计算机病毒定义和特征。

计算机基础习题参考答案

第一部分　计算机与信息技术习题参考答案

一、判断题

1. ×	2. √	3. √	4. ×	5. ×	6. √	7. ×	8. ×
9. ×	10. ×	11. √	12. √	13. √	14. ×	15. ×	16. √
17. √	18. √	19. ×	20. ×	21. ×	22. √	23. √	24. √
25. √	26. √	27. ×	28. ×	29. ×	30. √	31. √	32. √
33. ×	34. ×	35. √	36. ×	37. ×	38. √	39. ×	40. ×
41. ×	42. ×	43. √	44. ×	45. ×	46. √	47. √	48. √
49. √	50. ×	51. ×	52. √	53. ×	54. √	55. ×	56. ×
57. √	58. ×	59. √	60. ×				

二、单项选择题

1. A	2. C	3. B	4. A	5. C	6. C	7. A	8. A
9. A	10. B	11. B	12. B	13. C	14. D	15. B	16. B
17. A	18. B	19. C	20. A	21. C	22. C	23. C	24. D
25. D	26. B	27. C	28. D	29. C	30. B	31. B	32. B
33. C	34. D	35. A	36. B	37. C	38. B	39. B	40. B
41. C	42. C	43. D	44. B	45. A	46. B	47. C	48. C
49. A	50. B	51. D	52. B	53. B	54. C	55. A	56. B
57. D	58. B	59. D	60. B	61. B	62. B	63. D	64. C
65. A	66. C	67. B	68. D	69. C	70. D	71. B	72. C
73. B	74. A	75. C	76. B	77. B	78. C	79. B	80. C
81. B	82. D	83. B	84. D	85. D	86. B	87. A	88. D
89. B	90. A	91. B	92. A	93. C	94. D	95. D	96. C
97. B	98. B	99. B	100. D	101. B	102. B	103. B	104. A

三、多项选择题

1. ABD	2. BCD
3. AD	4. BD

5．AD	6．BCD
7．ACD	8．AB
9．ACD	10．AB
11．ABC	12．ABC
13．ABD	14．BD
15．ABCD	16．AD
17．ABD	18．ABCD
19．ABCD	20．BD
21．AB	22．ABD
23．ABD	24．ACD
25．AD	26．ABD
27．BCD	28．ABD
29．BCD	30．ABD
31．BCE	32．ABC
33．ABD	34．ABC

四、填空题

1．运算器　控制器　存储器

2．逻辑运算

3．外

4．程序

5．应用软件

6．只读存储器

7．数据

8．指令

9．ROM（只读存储器）

10．主机

11．输入设备

12．系统软件

13．应用软件

14．机器

15．输入／输出

16．地址

17．操作数

18．低级语言　高级语言

19．编译　解释

20．机器

21．主频　字长　存储容量　运算速度

22．输入设备　输出设备

23．8

24．ASCII

25．8　7

26．10

27．数值数据　非数值数据

28．汉字字型

29．ASCII

30．二进制位

31．不能

32．$(11111110)_2$　$(376)_8$

33．3755　3008

34．8　基本存储

35．位数固定　符号数码化

36．反　原码　不变　取反

37．101000101

38．54

39．计算机辅助教学

40．大规模集成电路

41．字长　主频　内存容量

42．计算机　机器

43．控制器　存储器　输入设备　输出设备

44．灭

45．操作系统

46．Shift

五、简答题

1．计算机主机包括 CPU 和主存储器。

计算机外设包括外存储器、输入设备和输出设备。

2．系统软件是指负责管理、监控和维护计算机硬件和软件资源的一种软件，如操作系统、服务程序、系统自检诊断程序……

应用软件是为解决人们在生活或生产中各种具体问题或休闲娱乐而开发的各种程序，如 Office、WPS、图形处理 / 编辑软件。

3．一个计算机系统由硬件系统和软件系统两大部分组成。

硬件系统一般是由运算器、控制器、存储器、输入设备和输出设备五大部分组成。

软件系统一般分为系统软件和应用软件两大部分。

4．计算机中的存储器分为只读存储器（ROM）和随机访问存储器（RAM）。

ROM 的特点是计算机里面的信息在计算机掉电后不会丢失，访问速度相对较慢。 RAM 的特点是计算机里面的信息在计算机掉电后会丢失，访问速度相对较快。

5. 指令：计算机所能识别并能执行某种基本操作的命令。

程序：为解决某一问题而设计的一系列有序的指令或语句。

软件：是为了运行、管理和维护计算机而编制的各种程序、数据和文档的总称。

6. 计算机具有以下一些基本特点：

（1）运算速度快。

（2）计算精度高。

（3）存储容量大。

（4）逻辑判断能力强。

（5）自动化程度高。

7. 硬件配置：主机（包括主板 CPU、内存、硬盘、软盘光盘驱动器、显卡、声卡）、显示器、键盘、鼠标、音箱、调制解调器等。

软件配置：Windows 系列和 Linux 等操作系统、WPS 和 Word 等文字与表格处理软件、媒体播放软件（real 系列、金山、影音风暴等）、杀毒软件（kv 系列、瑞星、毒霸等）、即时通信工具（QQ、ICQ、MSN 等）、图形图像处理软件（Photoshop、3DMAX 等）、程序设计软件、辅助设计软件等。

应用领域：家用娱乐、科学计算、信息管理、过程控制与检测、计算机辅助工程应用、计算机网络通信、电子商务、电子政务（政府）。

8. 内存以半导体存储器为主，CPU 可直接访问，读写速度快，但由于价格和技术方面的原因，内存的存储容量受到限制，大部分内存是不能长期存储信息的 RAM，而外存容量大，信息能长期保存，且断电不会消失。计算机需要存储的信息容量大，所以存储器分为内存和外存。

9. 计算机硬件系统由运算器、控制器、存储器、输入设备和输出设备构成。各部件作用如下：

（1）运算器：对信息或数据进行处理和运算。

（2）控制器：是计算机的神经中枢和指挥中心，负责从存储器中读取程序指令并进行分析，然后按时间先后顺序向计算机的各部件发出相应的控制信号，以协调、控制输入输出操作和对内存的访问。

（3）存储器：是存储各种信息（如程序和数据等）的部件或装置，分为主存储器和辅助存储器。

（4）输入设备：用来把计算机外部的程序、数据等信息送到计算机内部的设备。

（5）输出设备：负责将计算机的内部信息传递出来（称为输出），或在屏幕上显示，或在打印机上打印，或在外部存储器上存放。

10. 易于用器件实现；二进制的运算规则简单；易于实现逻辑运算。

11. 计算机的应用范围主要有：科学计算，如气象预报；数据处理，如办公自动化、企业管理；过程控制，如核反应堆；人工智能，如机器人；计算机辅助工程，如 CAD、CAI；信息高速公路；

电子商务，通过网络进行商品交易；娱乐、VCD 等。

12．计算机的发展经历了第一代电子管、第二代晶体管、第三代集成电路、第四代大规模和超大规模集成电路 4 个阶段。

各阶段的主要特征是，第一代主要采用电子管为基本电子元件，第二代主要采用晶体管作为基本电子元件，第三代采用小规模集成电路和中规模集成电路作为基本电子元件，第四代采用大规模或超大规模集成电路作为主要电子元件。

13．科学计算、信息处理、计算机辅助系统、过程控制、网络与通信和人工智能。

14．按计算机处理数据的方式分为数字计算机、模拟计算机、数模混合计算机。按计算机使用分为通用计算机、专用计算机。按计算机的规模和处理能力分为巨型计算机、大 / 中型计算机、小型计算机、微型计算机、工作站、服务器。

15．运算速度快、计算精度高、具有"记忆"和逻辑判断能力、内部操作自动化。

16．位（bit）是计算机存储设备的最小单位，表示二进制中的一位。

字节（Byte）是计算机中信息表示的基本存储单位，8 个二进制位组成一组，称为一个字节。

字是在计算机处理数据时，一次存取、处理和传输的数据长度称为字。

字长表示一个字中所包含的二进制数位数的多少称为字长。

17．ASCII 码的含义是美国标准信息交换码，已被国际标准化组织定为国际标准，是目前最普遍使用的字符编码。

18．微型计算机的主要技术指标有运算速度、字长、存储容量、存储周期、时钟主频。

19．计算机的工作原理就是"存储程序控制"原理，其基本内容包括：

（1）采用二进制形式表示数据和指令。

（2）将程序（数据和指令序列）预先存放在主存储器中（程序存储），使计算机在工作时能够自动高速地从存储器中取出指令，并加以执行（程序控制）。

（3）由运算器、控制器、存储器、输入设备、输出设备五大基本部件组成计算机硬件体系结构。

20．计算机的工作过程就是执行程序的过程。

第一步：将程序和数据通过输入设备送入存储器。

第二步：启动运行后，计算机从存储器中取出程序指令送到控制器去识别，分析该指令要做什么事。

第三步：控制器根据指令的含义发出相应的命令（如加法、减法），将存储单元中存放的操作数据取出送往运算器进行运算，再把运算结果送回存储器指定的单元中。

第四步：当运算任务完成后，就可以根据指令将结果通过输出设备输出。

21．媒体有两重含义：一是指存储信息的实体，如磁盘、光盘、磁带、半导体存储器等，中文常译作媒质；二是指传递信息的载体，如数字、文字、声音、图形等，中文译作媒介，它们只是一种信息表示方式。

第二部分　操作系统及 Windows 应用习题参考答案

一、判断题

1. ×　2. √　3. √　4. √　5. ×　6. √　7. √　8. ×
9. ×　10. √　11. √　12. √　13. ×　14. √　15. ×　16. √
17. ×　18. √　19. ×　20. ×　21. √　22. ×　23. √　24. √
25. ×　26. √　27. √　28. √　29. ×　30. √　31. √　32. √
33. ×　34. ×　35. √　36. ×　37. ×　38. √　39. ×　40. √
41. ×　42. √　43. √　44. ×　45. ×　46. √　47. √　48. ×
49. ×　50. ×

二、单项选择题

1. C　2. A　3. D　4. C　5. A　6. B　7. C　8. D
9. C　10. A　11. D　12. A　13. D　14. B　15. C　16. D
17. D　18. C　19. D　20. D　21. D　22. D　23. C　24. B
25. B　26. C　27. D　28. B　29. C　30. C　31. B　32. D
33. C　34. B　35. A　36. C　37. A　38. C　39. C　40. B
41. C　42. D　43. D　44. A　45. D　46. D　47. A　48. C
49. A　50. B　51. C　52. A　53. D　54. C　55. B　56. D
57. B　58. D　59. C　60. A　61. C　62. D　63. D　64. B
65. C　66. D　67. B　68. D　69. A　70. B　71. B　72. D
73. D　74. B　75. A　76. B　77. B　78. D　79. B　80. D
81. C　82. B　83. C　84. B　85. A　86. D　87. A　88. B
89. D　90. A　91. C　92. C　93. B　94. C　95. B　96. D
97. D

三、多项选择题

1. ABCD　　2. AC
3. ACD　　4. BC
5. ABC　　6. AC
7. ABD　　8. BC
9. ABD　　10. AC
11. BC　　12. AD
13. AC　　14. AD
15. AD　　16. CD

17. AD	18. AD
19. BC	20. ABD
21. BCD	22. BD
23. ABCD	24. ABCD
25. ABC	26. ABC
27. ABCD	28. ABCD
29. AD	30. ACD
31. ABCD	32. ACD
33. ABCD	34. AC
35. ABCD	36. CD
37. ABD	38. AC
39. AD	40. ACD
41. BCD	42. ABD
43. AB	44. ACD
45. ABC	46. ABC
47. ACD	48. ABCD
49. ABCD	50. AB
51. AC	52. AB
53. ABD	54. ACD

四、填空题

1. NTFS

2. 复制

3. 16

4. 剪切

5. 粘贴

6. 软件资源　硬件资源

7. 桌面

8. 当前该命令无效

9. 应用程序正在执行

10. 计算机

11. 网络

12. Ctrl+Space（空格键）

13. 剪贴板

14. 含有下级文件夹

15. 记事本

16. 255

17. 大小

18. 标题栏

19. 开始

20. Ctrl+Alt+Del

21. Space

22. 255

23. Ctrl

24. Ctrl+C

25. Esc

26. Ctrl+Tab

27. 扩展名

28. 关闭

29. 资源管理器

30. *.bmp

31. Alt+F4

32. 磁盘

33. 树状

34. bmp

35. 控制面板

五、简答题

1. 回收站是硬盘中的一块区域，它的功能是保存已被删除的文件，但这些文件可以通过回收站的恢复文件功能还原，也可以通过回收站的删除文件功能真正删除，并释放出占用的硬盘空间。

2. 操作系统是一个庞大的管理控制程序，主要包括四个方面的管理功能：处理机（CPU）管理、存储器管理、设备管理、文件管理。为了方便用户使用操作系统，还必须向用户提供一个使用方便的用户接口。

3. 操作系统的分类主要有批处理操作系统、分时操作系统、实时操作系统、网络操作系统、分布式操作系统。

4. 操作步骤如下：

（1）在桌面空白处右击，选择快捷菜单的"新建"→"文件夹"命令，输入文件夹名称 JEWRY，然后双击 JEWRY 文件夹，在出现的界面空白处右击，选择快捷菜单的"新建"→"文件夹"命令，输入文件夹名称 JAK。

（2）在"此电脑"中双击打开 C 盘，在 C 盘根目录下单击选择 TABLE 文件夹然后右击，选择快捷菜单的"删除"命令，在弹出的"确认文件夹删除"对话框中单击"是"命令按钮，即可将 TABLE 文件夹删除。

5. 在 Windows 中，对文件和文件夹的基本操作方法有：新建、重命令、查看、搜索、选择、复制、移动、删除和还原等。

6. Windows 的菜单有四种——开始菜单、窗口菜单、快捷菜单、控制菜单。

开始菜单——单击"开始"按钮或按 Ctrl+Esc 组合键。

窗口菜单——鼠标单击"菜单名"。

快捷菜单——用鼠标右击对象。

控制菜单——单击"控制"菜单图标或 Alt+Space。

7．文件与文件夹相同之处：

文件的命名规则与文件夹的命名规则相同，文件名不能超过 255 个字符（包括空格），但文件夹没有扩展名。

文件与文件夹不同之处：

文件是一组相关信息的集合，是用来存储和管理信息的基本单位，计算机中的所有信息都以文件的形式存放在磁盘上，以便用户和计算机管理。

文件夹是用来存放文件、子文件夹、快捷方式的地方。利用文件夹，可以按逻辑组织文件，相关的文件存放在同一个文件夹中，以便对文件进行管理和操作。

第三部分　WPS 文字处理习题参考答案

一、判断题

1．√　　2．√　　3．√　　4．×　　5．×　　6．√　　7．√　　8．√

9．√　　10．×　　11．√　　12．√　　13．×　　14．√　　15．√　　16．√

17．×　　18．×　　19．×　　20．√　　21．×　　22．×　　23．×　　24．√

25．×　　26．×　　27．√　　28．√　　29．√　　30．√　　31．×　　32．√

33．√

二、单项选择题

1．B　　2．D　　3．A　　4．D　　5．D　　6．D　　7．D　　8．B

9．A　　10．B　　11．D　　12．D　　13．C　　14．C　　15．C　　16．B

17．D　　18．B　　19．D　　20．C　　21．B　　22．A　　23．B　　24．B

25．C　　26．B　　27．D　　28．B　　29．A　　30．D　　31．D　　32．C

三、多项选择题

1．BC　　　　　　　　2．AD

3．ABCDE　　　　　　4．ACD

5．ABCDEF　　　　　6．ABCD

7．ABC　　　　　　　8．CD

四、填空题

1．浮动工具栏

2．审阅

3. 引用

4. 公式

5. 数据源

6. 表格工具

7. 导航窗格

五、简答题

1. 样式是指用有意义的名称保存的字符格式和段落格式的集合，在编排重复格式时，可以先创建一个该格式的样式，然后在需要的地方套用这种样式，就无须一次次地对它们进行重复的格式化操作了。

2. 步骤如下：①创建主控文档和数据源；②在主控文档窗口执行"引用"→"邮件"命令；③打开数据源；④插入合并域；⑤查看合并数据，选择合并方式完成邮件合并。

第四部分　WPS 表格习题参考答案

一、判断题

1. √	2. ×	3. √	4. √	5. √	6. ×	7. ×	8. ×
9. √	10. ×	11. ×	12. √	13. ×	14. ×	15. √	16. √
17. ×	18. ×	19. √	20. √	21. √	22. ×	23. √	24. √
25. ×	26. √	27. ×	28. ×	29. √	30. √	31. ×	32. √
33. ×	34. √	35. √	36. √	37. √	38. ×	39. √	40. √
41. ×	42. ×	43. √	44. ×	45. √	46. √	47. ×	48. √
49. √	50. √						

二、单项选择题

1. D	2. C	3. D	4. D	5. B	6. A	7. D	8. D
9. C	10. C	11. D	12. A	13. C	14. C	15. C	16. A
17. A	18. A	19. B	20. C	21. C	22. C	23. A	24. A
25. C	26. B	27. B	28. B	29. C	30. B	31. A	32. D
33. C	34. B	35. D	36. B	37. D	38. D	39. D	40. A
41. D	42. C	43. A	44. B	45. B	46. A	47. B	48. C
49. B	50. A	51. D	52. C	53. D	54. B	55. D	56. A
57. C							

三、多项选择题

1. AD　　　　2. ABD

3. ABCD　　　4. ABC

5．ABCD 6．BD
7．ABCD 8．ABD
9．ABCD 10．AD
11．AB 12．ABCD
13．ABC 14．BC
15．ABC 16．ABC
17．AD 18．AC
19．AC 20．CD
21．AC 22．ABC
23．ABD

四、填空题

1．255
2．视图
3．字符型数据的连接
4．左
5．30008
6．重命名
7．开始
8．=B2+$B3
9．10
10．排序
11．数据透视表
12．编辑栏
13．地址
14．绝对引用
15．绝对
16．=MAX(A1:A5)
17．11
18．=$B6+D5
19．=AVERAGE(A1:B3)
20．$A$1+$B$4
21．居中
22．活动单元格（当前单元格）
23．时间
24．TRUE
25．023.79

第五部分　WPS 演示文稿习题参考答案

一、判断题

1. √　2. √　3. ×　4. ×　5. ×　6. ×　7. √　8. √
9. √　10. √　11. √　12. ×　13. ×　14. ×　15. ×　16. ×
17. √　18. ×　19. ×　20. ×　21. √　22. ×　23. √　24. √
25. ×　26. ×　27. ×　28. √　29. ×　30. √　31. √　32. √
33. √　34. √　35. √　36. √

二、单项选择题

1. C　2. B　3. A　4. A　5. A　6. B　7. D　8. B
9. D　10. B　11. B　12. A　13. D　14. A　15. B　16. C
17. B　18. D　19. D　20. A　21. C　22. D　23. D　24. C
25. C　26. A　27. B　28. D　29. A　30. A　31. A　32. B
33. A　34. D　35. A　36. A　37. A　38. B　39. B　40. C
41. C　42. A　43. C　44. D　45. D　46. B　47. D　48. D
49. A　50. A　51. D　52. C　53. B　54. D　55. D　56. A
57. D　58. B　59. C　60. A　61. C　62. A

三、多项选择题

1. BD
2. ABC
3. BCD
4. AD
5. AC
6. AC
7. AD
8. BC
9. AD
10. BCD
11. ABC
12. ABD
13. BCD
14. AC
15. ABC
16. CD
17. ABCD
18. ABD
19. ABCD
20. ABCD
21. BCD
22. ABCD
23. ABCD
24. BCD

四、填空题

1. Ctrl

2．Esc

3．切换

4．幻灯片版式

5．设计

6．移动

7．整页幻灯片　备注页

8．备注

9．插入

10．设置放映方式

11．文本框

12．备注

13．dps

14．普通

15．Ctrl+M

16．页面设置

17．动画

18．占位符

19．备注

20．设计

21．排练计时

22．幻灯片放映

23．演讲者放映（全屏幕）

24．F5

25．渐变

五、简答题

1．在动画窗格中可以完成以下操作：

（1）播放动画。

（2）排序动画。在"动画窗格"中选中一个动画项目，单击下方的"重新排序"按钮（上移 🔼 或下移 🔽）。

（3）在"动画窗格"中选中一个动画项目，并单击其右侧的下拉按钮 🔽 ，在弹出的下拉菜单中可以设置：设置动画开始时间、动画持续时间、动画效果选项、删除动画等。

2．（1）使用超链接。选中第 2 张幻灯片上的一个对象，单击"插入"选项卡→"超链接"按钮，在弹出的对话框中设置链接的目标位置为本文档中的第 9 张幻灯片。

（2）使用动作设置。选中第 2 张幻灯片上的一个对象，单击"插入"选项卡→"动作"按钮，在弹出的对话框中选择"链接到"下拉列表中的"幻灯片"，最后在弹出的对话框中选择链接的目标位置为本文档中的第 9 张幻灯片。

（3）使用动作按钮。也可以在第 2 张幻灯片上插入动作按钮，使其链接到第 9 张幻灯片。

3．不会，只是幻灯片布局有所改变。

4．可以直接在占位符中单击输入文字；可以插入文本框，在文本框中输入文字；也可以绘制形状，然后在选中的形状上右击，并在快捷菜单中选择"编辑文字"命令。另外，也可以在智能图形的文本占位符中输入文字。

5．演示文稿是利用 WPS 演示这种软件制作的文件，其扩展名是 dps（或 pptx），而幻灯片不能以文件形式保存在磁盘上，它是演示文稿的组成部分，一个演示文稿可以由多张幻灯片组成。

6．（1）执行"视图"选项卡→"幻灯片母版"命令，进入母版视图。在左侧窗格中选定第一张幻灯片，即幻灯片母版。单击"幻灯片母版"选项卡→"背景"，在弹出的对象属性中选择需要的填充类型。

（2）填充类型主要有纯色、渐变、纹理、图案、图片等。

（3）幻灯片母版修改后，只有套用了该母版的所有幻灯片背景将会改变，其他幻灯片背景不变。

7．提示：可以根据样本模板、主题或空白演示文稿创建新演示文稿。可先使用幻灯片母版统一格式化幻灯片，然后制作演示文稿的主体内容。通过"开始"选项卡插入新幻灯片。通过"插入"选项卡向幻灯片插入声音、图片、智能图形、形状、艺术字等对象，通过相关的工具选项卡对各对象进行编辑和格式化操作。要设置幻灯片上对象的动画效果，可以在选中对象后，单击"动画"选项卡，选择动画列表中的某一动画效果；要设置幻灯片切换动画效果，可以在选中幻灯片后，单击"切换"选项卡，在幻灯片切换效果列表中选择某一动画效果。使用"幻灯片放映"选项卡可以观看演示文稿的播放效果。

第六部分　计算机网络与信息安全习题参考答案

一、判断正误题

1．√　2．√　3．×　4．√　5．×　6．×　7．√　8．√
9．×　10．√　11．×　12．√　13．√　14．√　15．√　16．√
17．×　18．×　19．√　20．×　21．√　22．√　23．√　24．×
25．√　26．×　27．√　28．×　29．√　30．√　31．×

二、单项选择题

1．D　2．D　3．A　4．D　5．A　6．D　7．B　8．C
9．C　10．D　11．D　12．A　13．B　14．A　15．A　16．A
17．D　18．B　19．C　20．A　21．B　22．A　23．D　24．B
25．D　26．B　27．B　28．C　29．B　30．B　31．D　32．A
33．C　34．C　35．B　36．D　37．C　38．C　39．C　40．C
41．A　42．B　43．B　44．A　45．B　46．B　47．C　48．C

49．A　50．B　51．A　52．C　53．D　54．C　55．C　56．D

57．B　58．B　59．B　60．B　61．D　62．D　63．A　64．B

65．C　66．D　67．C　68．C　69．C　70．B　71．B　72．D

73．A　74．D　75．D　76．C　77．B　78．D　79．D　80．D

81．A　82．B　83．C　84．C　85．A　86．C　87．C　88．A

89．B　90．C　91．B　92．A　93．D　94．C　95．D　96．D

97．C　98．B　99．A　100．A　101．A　102．C　103．A

三、多项选择题

1．ABC
2．ABD

3．ABD
4．ABC

5．BCD
6．CD

7．ABCD
8．ABCD

9．CD
10．ABCD

11．AD
12．AD

13．ABCD
14．BCD

15．AB
16．AC

17．ABD
18．ABC

19．ACD
20．ACD

21．BC
22．ABC

23．ABCD
24．AC

25．AD
26．ABCD

27．ABC
28．ABC

29．AD
30．AB

31．ACD
32．ACD

33．BCD
34．BC

35．AB
36．BC

37．AD
38．ACD

39．AC
40．AC

41．ABCD
42．AD

四、填空题

1．网络

2．子网　主机

3．独立　通信设备　网络协议　通信

4．资源　通信

5．文件传输协议

6．局域网　广域

7．运输层　网络接口层

8．数据链路层　表示层

9．32

10．0　255

11．192 ～ 223

12．计算机　通信

13．INDI

14．URL

15．服务器　客户机

16．DNS

17．Web　文本　声音

18．对等

19．HTTP

20．政府部门

21．教育机构

五、简答题

1．计算机网络是指利用通信线路和通信设备，把分布在不同地理位置的具有独立功能的多台计算机、终端及其附属设备互相连接，按照网络协议进行数据通信，通过功能完善的网络软件实现资源共享和数据通信的系统。

2．计算机网络的功能主要体现在四个方面：资源共享、信息交换和通信、提高系统的可靠性、均衡负荷与分布处理。

3．局域网特点如下：

（1）连接范围窄、用户数少、配置容易、连接速率高。

（2）覆盖一个较小的地理范围，有较高的数据传输速率。

（3）具有较小的时延和较低的误码率。

（4）能进行广播或多播（又称为组播）。

4．URL 语法形式如下：

协议名称 :// IP 地址或域名 / 路径 / 文件名

● 协议名称，服务方式或获取数据方式，如常见的 http、ftp 和 bbs 等。

● IP 地址或域名，所要链接的主机 IP 地址或域名。

● 路径和文件名，表示 Web 页在主机中的具体位置（如存放的文件夹和文件名等）。

5．内部私有地址的地址范围如下：

● A 类 10.0.0.0 ～ 10.255.255.255

● B 类 172.16.0.0 ～ 172.31.255.255

● C 类 192.168.0.0 ～ 192.168.255.255

6. 信息安全是指信息网络的硬件、软件及其系统中的数据受到保护，不受偶然的或者恶意的原因而遭到破坏、更改、泄露，系统连续可靠正常地运行，信息服务不中断。

信息安全要素一般包括信息的保密性、信息的完整性、信息的可用性、信息的可靠性和信息的不可抵赖性。

7. 数据加密、数字签名、数字证书。

8. 计算机病毒是指编制或者插入在计算机程序中的破坏计算机功能或者毁坏数据、影响计算机使用，并能够自我复制的一组计算机指令或者程序代码。

计算机病毒具有如下一些共同的特征：

寄生性、传染性、潜伏性、隐蔽性、破坏性。